内容介绍

本书针对我国大部分农田土壤供钾能力不高、国产钾肥资源供应有限、农田钾素管理不科学导致作物缺钾普遍，进而影响农作物产量和农产品品质等生产问题，对在我国普遍种植的共计56种粮食作物、大田经济作物、蔬菜作物、水果作物和特产作物的生产概况、营养需求特性进行了系统而又概括的介绍，重点对上述各种作物的缺钾症状和施钾技术进行了详细的阐述，特别是精选了96幅清晰度高、症状典型的各种作物缺钾症状图片，配合文字说明，便于查看和对比，为各种主要作物钾素营养诊断和科学施钾提供指导。

本书针对性强、实用价值高，可供各级农业技术推广部门、肥料生产企业、土壤肥料和作物栽培科研教学部门的科技人员、管理干部、肥料生产和经销人员、家庭农场和种植大户阅读和参考。

主要作物缺钾症状与施钾技术

ZHUYAO ZUOWU QUEJIA ZHENGZHUANG YU SHIJIA JISHU

鲁剑巍　王正银　张洋洋 等　编著

中国农业出版社

主　　编　鲁剑巍

副 主 编　王正银　张洋洋

参编人员（以姓名拼音为序）：

陈小琴（中国科学院南京土壤研究所）
陈新平（中国农业大学）
丛日环（华中农业大学）
董彩霞（南京农业大学）
李小坤（华中农业大学）
李振轮（西南大学）
廖宗文（华南农业大学）
鲁剑巍（华中农业大学）
聂　军（湖南省农业科学院土壤肥料研究所）
任　涛（华中农业大学）
司东霞（聊城大学）
王火焰（中国科学院南京土壤研究所）
王正银（西南大学）
徐卫红（西南大学）
徐正伟（中国热带科学院橡胶研究所）
姚丽贤（华南农业大学）
张朝春（中国农业大学）
张洋洋（华中农业大学）
周健民（中国科学院南京土壤研究所）

前　言

钾是植物生长必需的大量矿质营养之一，植物对钾的需求量较大。钾是高等植物体内含量最丰富的阳离子，它在植物体内的含量一般为干物质重的1%～5%，很多农田作物钾含量甚至超过了氮含量。钾可以活化植物体内的酶，促进新陈代谢，增强保水吸水能力，提高光合作用与光合产物的运转能力，还可以提高作物抗旱、抗病、抗寒、抗盐碱和抗倒伏能力，进而提高产量。此外，钾对改进作物品质有明显的作用，因此有品质元素之称。

在20世纪70年代前，我国基本上没有矿质钾肥供应，70年代中期以来我国农业生产中的氮磷肥用量大幅度增长，在促进作物产量提高的同时，也导致作物缺钾现象自南向北大面积发生，自80年代后我国的钾肥用量逐渐增加，钾肥（K_2O）用量从1980年的34.6万吨增长到2014年的641.9万吨，平均年增长率达到8.7%，到2014年，我国单位耕地面积钾肥用量达到46千克/公顷，不论从单位面积钾肥施用量还是从总施用量来看，都已居于世界较高水平。大量的研究和生产实践均已证实，钾肥大面积的推广应用为保障我国农作物的稳产丰产和农产品品质的提高发挥了重要作用。

然而，由于我国人口众多、耕地面积有限，作物生产的复种指数高、产量水平高而引起作物从农田中吸收的钾素不断升高，进而导致我国农田系统的钾素一直处于负平衡状态，同时由于我国很多区域尤其是广大南方地区的土壤供钾能力有限，当前我国主要作物如果不施钾导致减产的平均幅度仍然高达10%～20%，在实际生产中各种作物的缺钾现象仍时有发生，尤其是在高产、气候逆境时尤为明显和普遍。

针对我国钾肥资源不足、作物丰产优质需要丰富的钾素营养、农业生产中施钾不科学导致作物产量和品质潜力得不到充分发挥等一系列问题，农业部和财政部从2012年开始专门立项开展钾肥高效利用与替代技术研究与示范工作。

在开展相关工作中，我们发现基层从事农业技术推广的科技人员及肥料企业的农化服务人员，从思想上已普遍认识到钾素在作物生产中的重要意义，但缺乏能够指导他们进行推广服务的相关资料，其中包括作物缺钾典型症状的图谱及与之相配套的施钾技术。经调查发现，尽管市面上有一些作物缺素症状图谱的书籍，但这些材料大多是翻印国外的图片，存在作物种类有限、图片模糊质量不高、对应的施钾技术笼统等问题。到目前为止，我们还缺少一本针对我国农业生产实际、包含我国大多数主要种植作物、方便实用的缺钾症状图谱及其施钾技术的实用书籍。

在上述背景下，为了更好地为我国科学施肥工作提供技术支撑，在农业部有关部门的领导和支持下，在公益性行业（农业）科研专项经费项目“钾肥高效利用与替代技术研究”（项目编号：201203013）和全国农业技术推广服务中心“主要农作物缺素症状研究和丰缺指标体系建立”项目的支持下，我们组织有关专家编写了《主要作物缺钾症状与施钾技术》，由中国农业出版社出版发行。

本书更加突出实用性和系统性，以作物为主线，对在我国普遍种植的共计56种粮食作物、大田经济作物、蔬菜作物、水果作物和特产作物的生产概况、营养需求特性进行了系统而又概括的介绍，重点对上述各种作物的缺钾症状和施钾技术进行了详细的描述和叙述，特别是精选了96幅清晰度高、症状典型的各种作物缺钾症状图片，配合文字说明，便于查看和对比，为各种主要作物钾素营养诊断和科学施钾提供指导。本书有两个特点：一是精选的缺素症状图片症状典型、清晰度高，大部分图片是近年来项目组的最新研究成果，直观性和时效性强；二是全书为彩色印刷，便于读者查看和对比，为田间作物科学施钾提供指导。

本书的编写得到了公益性行业（农业）科研专项“钾肥高效利用与替代技术研究”项目组的高度重视，项目执行专家组对本书的编写进行了统筹安排，各课题组通过分工协作，紧密配合确保了本书的完成。华中农业大学鲁剑巍教授全面负责本书的编写工作，西南大学徐卫红教授和王正银教授主笔完成了蔬菜作物和部分经济作物施钾技术的撰稿工作，华中农业大学张洋洋女士主笔完成了其他主要作物施钾技术的撰稿工作，其他各位参编人员提供了各章节的相关资料。书稿完成后，全书由鲁剑巍教授统稿、王正银教授校阅，另外，华中农业大学博士研究生汪洋、魏雪勤、侯文峰和硕士研究生胡文诗、朱芸也参加了全书的校对工作。

本书中的图片除大部分由编著者提供外，国内外其他学者也提供了不少精美图片，除极少数无法确认来源的图片外，在每幅图片下方均注明了提供者姓名，以示谢意。同时本书的文字说明及施肥技术部分吸收和借鉴了国内外其他学者及专家的有关著作和论文中的相关内容，在此谨致深深的谢意。

由于本书作物种类较多，涉及的知识面广，加之现代农业发展对作物生产和科学施肥提出了更高的要求，而编著者受水平所限，错误和不当之处在所难免，热忱希望广大读者多提宝贵意见和建议。

编著者

2016年11月22日

目　录

前言

第一章　概述 …… 1

第一节　植物对钾的需求 …… 1
第二节　主要作物对钾的产量和品质反应 …… 3
第三节　我国农田钾肥施用量 …… 9
第四节　我国耕地土壤钾素含量 …… 10
第五节　作物缺钾发生条件 …… 12

第二章　粮食作物缺钾症状与施钾技术 …… 14

第一节　水稻 …… 14
第二节　小麦 …… 18
第三节　玉米 …… 22
第四节　马铃薯 …… 26
第五节　甘薯 …… 31
第六节　大豆 …… 34

第三章　经济作物缺钾症状与施钾技术 …… 38

第一节　棉花 …… 38
第二节　苎麻 …… 41
第三节　油菜 …… 44
第四节　花生 …… 48
第五节　芝麻 …… 51
第六节　向日葵 …… 53
第七节　甘蔗 …… 56
第八节　甜菜 …… 60

第四章　蔬菜作物缺钾症状与施肥技术 …… 64

第一节　白菜 …… 64
第二节　甘蓝 …… 66

第三节　莴苣 …… 68
第四节　萝卜 …… 70
第五节　胡萝卜 …… 72
第六节　芋 …… 74
第七节　山药 …… 76
第八节　茄子 …… 77
第九节　辣椒 …… 79
第十节　番茄 …… 81
第十一节　芹菜 …… 84
第十二节　大葱 …… 85
第十三节　生姜 …… 87
第十四节　大蒜 …… 88
第十五节　西瓜 …… 90
第十六节　黄瓜 …… 92
第十七节　冬瓜 …… 94
第十八节　南瓜 …… 96
第十九节　丝瓜 …… 97
第二十节　苦瓜 …… 98
第二十一节　菜豆 …… 100
第二十二节　豇豆 …… 101
第二十三节　莲藕 …… 103

第五章　水果作物缺钾症状与施肥技术 …… 105

第一节　苹果 …… 105
第二节　柑橘 …… 106
第三节　梨树 …… 109
第四节　桃树 …… 110
第五节　葡萄 …… 112
第六节　猕猴桃 …… 114
第七节　枣树 …… 115
第八节　荔枝 …… 117
第九节　香蕉 …… 118
第十节　菠萝 …… 120
第十一节　芒果 …… 122
第十二节　草莓 …… 124

第六章　特产作物缺钾症状与施钾技术 …… 126

第一节　烟草 …… 126

第二节　茶叶 …… 128
第三节　板栗 …… 131
第四节　菊花 …… 132
第五节　橡胶 …… 135
第六节　桑树 …… 138
第七节　银杏 …… 142

主要参考文献 …… 144

第一章 概　　述

第一节　植物对钾的需求

钾是植物生长必需的三大营养要素之一，它是高等植物体内含量最丰富的阳离子，植物对钾的需求量较大。它在植物体内的含量一般为干物质重的1%～5%，占植物体灰分重量的50%。农作物含钾量与含氮量相近而比含磷量高，在许多高产作物中，含钾量超过含氮量。

一、钾的吸收

植物吸收钾的主要部位是根，吸收钾的形态是K^+。其吸收方式有主动吸收和被动吸收两种。主动吸收要消耗能量，通过膜结合的H^+-ATP酶进行。在阳离子中，钾是通过生物膜最快的，亦即为植物吸收的速率很高，这个高速率取决于它的主动吸收过程。

当土壤溶液中K^+浓度较高时，K^+的吸收可能为被动吸收，它可沿电化学势梯度扩散，通过K^+通道或载体入内，被动吸收不需要能量供应。高等植物根细胞积累K^+的浓度可达土壤溶液的10～1 000倍，这主要是因为植物对钾的吸收可以是逆浓度梯度的主动吸收。

作物对钾的大量吸收表明钾对其他阳离子有强烈的竞争作用，往往当K^+的吸收下降时其他阳离子的吸收量就上升。另外，在一定的条件范围内植物对钾的吸收和细胞中K^+的浓度也受到H^+、Ca^{2+}、Mg^{2+}、Na^+等离子竞争作用的影响。虽然几种其他的一价阳离子能部分取代K^+，但是这些阳离子在浓度高时对整个细胞有毒害作用（如NH_4^+），或是本身在自然界中含量不丰富（如Rb^+），另外，虽然有些阳离子对植物有益（如Na^+），但是Na^+、Rb^+、Li^+、Cs^+、H^+、Ca^{2+}和Mg^{2+}等阳离子都不能完全取代K^+。

二、吸钾特性

钾在植物体内移动性很强，易于从根系转移至地上部，并且有随植物生长中心转移而转移的特点，因此植物能多次反复利用已吸收的钾。当供钾不足时，钾优先分配到较幼嫩的组织中，进行再分配利用。例如水稻叶片，在不同的生育期中，低钾处理的稻株从上位叶到下位叶的钾含量都存在明显的梯度；而适量施钾的处理，稻株各叶位之间的含钾量则较为接近。

植物体内的含钾量常因作物种类和器官的不同而有很大差异。通常含淀粉、糖等碳水化合物较多的作物含钾量较高。就不同器官来看，禾谷类作物种子中钾的含量较低，而茎秆中钾的含量则较高。此外，薯类作物的块根、块茎的含钾量也比较高（表 1-1）。

表 1-1　主要农作物不同部位中钾的含量（%）

作物	部位	含 K_2O	作物	部位	含 K_2O
小麦	籽粒	0.61	油菜	籽粒	0.65
	茎秆	0.73		茎秆	2.30
水稻	籽粒	0.30	花生	荚果	0.63
	茎秆	0.90		茎叶	2.06
谷子	籽粒	0.20	大豆	籽粒	2.77
	茎秆	1.30		茎秆	1.87
玉米	籽粒	0.40	甘薯	块根	2.32
	茎秆	1.60		茎	4.07
棉花	籽粒	0.90	马铃薯	块茎	2.28
	茎秆	1.10		叶片	1.81
烟草	叶片	4.10	糖用甜菜	根	2.13
	茎	2.80		茎叶	5.01

各种作物在其整个生长期中的各个生长阶段对钾素的需求各异，且钾在各器官中的分配亦不同。以大豆和玉米进行比较为例，玉米或大豆种植后在生长初期玉米要早于大豆进入钾素快速积累期，二者达到最大钾素积累量的时间基本一致，但大豆对钾素的积累量明显高于玉米。另外氮钾吸收比值也不同，说明不同作物在不同生育期吸收钾素的特点不尽一致（图 1-1）。

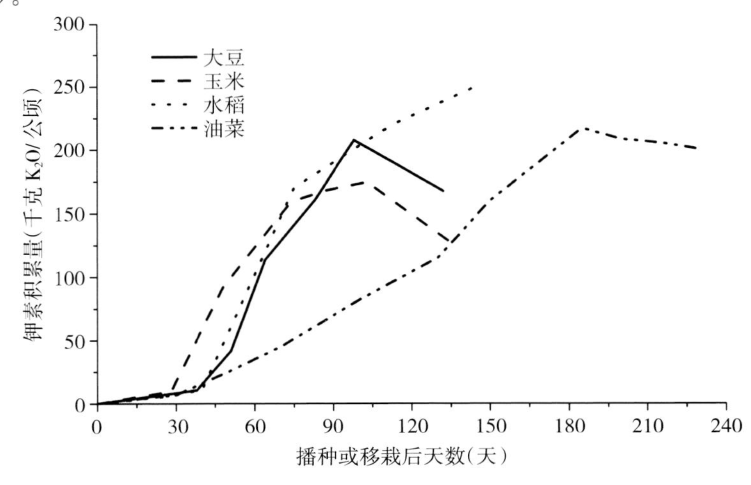

图 1-1　不同作物生长阶段的钾素养分积累量

收获时，不同作物在籽实和茎叶中钾的分配比例也不相同，就籽实中的钾素分配率而言，水稻只占7%，而玉米高达29%（表1-2）。

表1-2 收获期作物籽实和茎叶中养分含量分配率（%）

作物	N		P		K	
	籽实	茎叶	籽实	茎叶	籽实	茎叶
冬小麦	68	32	70	30	27	73
玉米	75	25	73	27	29	71
高粱	67	33	78	22	21	79
谷子	63	37	71	29	17	83
水稻	55	45	67	33	7	93
油菜	81	19	87	13	19	81
食用向日葵	36	64	46	54	9	91
油用向日葵	40	60	42	58	14	86

不同作物不仅钾素吸收总量不同而且吸收速度也不相同，这意味着，不同的作物对钾的供应速率大小要求不同。生育期短的作物比生育期长的作物吸收养分的时间短。例如，番茄、甜菜和甘蔗的吸钾量大致相同，前两种作物生长期为4个月，而甘蔗的生长期将近一年。吸收速率较低的作物，如糖用甘蔗，由于它的生长周期较长，可能在较大程度上需要依赖土壤的养分储备。对于生长期较长的作物，为了避免钾的短暂缺乏，必须调整钾肥的施用方法，如分次施用、在作物生长期中的吸收高峰期施用等，以满足作物阶段营养的需要。

第二节 主要作物对钾的产量和品质反应

钾可以活化植物体内的酶，促进新陈代谢，增强保水吸水能力，提高光合作用与光合产物的运转能力；还可以提高作物抗旱、抗病、抗寒、抗盐碱和抗倒伏能力，进而提高产量。此外钾对改进作物品质有明显的作用，因此它有品质元素之称。

一、施钾产量效应

20世纪80年代以后，我国土壤缺钾程度加剧，且在土壤含钾相对较丰富的北方地区作物缺钾症状也逐渐普遍，各地广泛开展了土壤钾素和钾肥施用的研究，钾肥的增产效果得到广泛证实。

（一）粮食作物

江西水稻施肥试验结果表明，施钾能增产稻谷390～870千克/公顷。在河南省籼稻、粳稻区，土壤速效钾低于117毫克/千克的稻田，在习惯施肥的基础上增施112.5～135千克/公顷K_2O，籼稻增产6.2%～16.2%，粳稻增产7.3%～16.6%，与习惯施肥产量差异均达到显著水平。在东北地区水稻施钾平均增产15.7%，每千克K_2O可平均增产10.0

千克稻谷；华北地区水稻施钾平均增产 19.8%，每千克 K_2O 可平均增产 17.7 千克稻谷；南方水稻施钾增产 11.7%，每千克 K_2O 可平均增产 7.5 千克稻谷。

在豫西旱作小麦上施钾表现出了明显的增产效果，增产幅度为 7.9%～15.7%，平均增产小麦 426 千克/公顷，增产率达 11.5%，每千克 K_2O 平均增产小麦 3.6 千克。干旱年份施钾的增产效果明显高于正常年份，并且有随肥力水平的升高增产幅度更大的趋势。东南六省的小麦增产率可达 39.1%，每千克 K_2O 平均增产小麦 5.4 千克。

东北试验示范结果表明，施钾明显提高春玉米产量，增产率达到 24.7%，每千克 K_2O 增产春玉米 15.3 千克。华北夏玉米施钾的增产率为 19.4%，每千克 K_2O 平均增产玉米 7.8 千克。东南六省的玉米施钾的增产率为 28.7%，每千克 K_2O 平均增产玉米 7.9 千克。3 个地区施钾增产率高低顺序为东南六省>东北地区>华北地区。

（二）经济作物

长江流域冬油菜主产区 72 个钾肥施用效果试验结果表明，施钾增产作用显著，与对照不施钾处理相比，平均增产量为 349 千克/公顷，平均增产率为 19.8%，增产率在 5%～20%之间的试验点占 51.4%。

东北地区的研究结果表明，大豆施用钾肥能提高株荚数、荚粒数及百粒重，增加产量与效益，平均增产率 14.7%，每千克 K_2O 平均增产大豆 3.4 千克。河南省砂质或壤质黄潮土耕地上试验表明，施用钾肥能使大豆增产 9.2%～37.1%，增产效果均达到显著水平。南方旱地大豆施钾的平均增产率为 15.1%，每千克 K_2O 平均增产大豆 3.9 千克。

施钾可促进花生地上部分干物质的积累和生殖器官的发育，改善花生的经济性状，提高荚果产量和经济效益。华北地区的研究结果表明，花生施钾平均增产 20.5%，每千克 K_2O 平均增产荚果 5.3 千克。

向日葵是需钾量较高的油料作物，且对钾肥反应敏感。在北票市的坡耕地上，增施钾肥对向日葵都有明显的增产效果。钾肥用量从 45 千克/公顷增加到 135 千克/公顷，向日葵产量比单施氮磷的对照增产 269.5～642.0 千克/公顷，平均增产 15.7%～37.4%。

在新疆主要棉田施用钾肥对高产棉花均有显著的增产作用，南疆可增产 22.2%，北疆可增产 10.7%，增产潜力南疆大于北疆。华北地区棉花施用钾肥平均增产 15.7%，每千克 K_2O 增产皮棉 1.8 千克。

茶园施钾效果表明，成龄茶园在氮磷的基础上，增施硫酸钾和氯化钾肥均能显著提高茶叶产量，增产率分别为 28.9%和 24.8%。

（三）蔬菜作物

山东大棚番茄试验表明，在适宜用量水平时施用钾肥能明显增加番茄产量，增产在 15.1%～40.1%，施用氯化钾的增产效果优于施用硫酸钾，但对产品质量的提高不如硫酸钾。在南方地区，番茄施钾平均增产 20%左右，每千克 K_2O 增产番茄 73.6 千克。

小油菜和小萝卜施用钾肥的增产幅度分别为 1.7%～19.3%和 39.9%～46.7%。

辣椒追施钾肥试验结果表明，施钾可增强植株的抗逆性，促进辣椒个体发育，增产效果显著。南方辣椒施钾平均增产 29.8%，每千克 K_2O 增产辣椒 8.5 千克。

（四）水果作物

对苹果树增施钾肥，无论基施或追施，对提高当年叶片的鲜重、干重、叶绿素含量、叶片氮和钾含量，均表现出不同程度的促进作用。随施钾量增加，叶片氮、钾含量也有随之提高的趋势。增施钾肥的处理能不同程度地提高果实品质和产量，其产量增幅可达6.1%～19.0%。

为期4年的脐橙施用钾肥研究表明，施钾能显著提高脐橙产量，施钾平均增产26.3%～41.8%。

连续4年观察看出，桃树施用钾肥可明显增加单果重和单株产量。在4种桃树品种中，大久保比对照增产24.9%～86.1%，且增产幅度随钾肥用量增加而增大；砂子早生增产20.5%～96.4%；安农水蜜增产9.5%～89.8%；五月火增产10.3%～112.3%(表1-3、表1-4)。

表1-3 北方地区主要作物施钾效应

地点	作物	增产效应	
		%	千克/千克 K_2O
东北	春玉米	24.7	15.3
	大豆	14.7	3.4
	水稻	15.7	10.0
华北	夏玉米	19.4	7.8
	小麦	18.5	5.9
	水稻	19.8	17.7
	棉花	15.7	1.8
	花生	20.5	5.3
	果蔬经济作物	8.9～36.2	—

表1-4 南方地区主要作物施钾效应

作物	平均增产效应			作物	平均增产效应		
	千克/公顷	%	千克/千克 K_2O		千克/公顷	%	千克/千克 K_2O
水稻	659	11.7	7.5	玉米	1 376	28.7	7.9
小麦	1 181	39.1	5.4	甘薯	6 002	26.1	51.5
棉花	177	11.7	1.3	油菜	272	18.6	2.5
苎麻	260	20.3	0.9	花生	372.0	15.1	4.2
红麻	902	54.5	5.7	大豆	342.0	15.1	3.9
烤烟	360	18.9	2.4	薄荷	2 843	16.5	15.8
柑橘	3 308	11.7	11.7	榨菜	8 723	19.0	38.8
辣椒	1 428	29.8	8.5	生姜	10 323	32.2	34.4
茄子	6 825	25.3	30.3	大蒜	2 904	45.7	19.3
番茄	9 231	20.0	73.6	花椰菜	6 627	19.8	115.2
黄瓜	9 138	25.7	76.2	黄花菜	114	9.4	0.8
菜豆	1 512	12.1	10.1	大白菜	2 489	26.3	130.8

钾肥的效果与作物产量水平、成土母质等关系很大。李云和武恩峰研究结果表明（表1-5），作物产量水平和施钾增产效果呈极显著的正相关。随着作物产量水平的增加，作物对钾素的需求量也增加，施用钾肥增产效果显著，其中小麦最为明显。对于低产田而言，少量的钾素供应基本上能满足作物生长的需要，而对中、高产地块，相同钾素的供应只能解决部分钾素供应，亏缺较多，且产量越高亏缺越多。因此只有增施钾肥才能维持土壤钾素供需平衡，保证作物获得高产。

表 1-5　小麦、玉米、棉花施钾增产效果

作物	产量水平（千克/公顷）	试验个数	作物产量		增产效应		
			NP	NPK	千克/公顷	%	千克/千克 K_2O
小麦	<4 500	11	4 140	4 233	93	2.3	0.9
	4 500～6 000	11	4 988	5 657	669	13.4	9.7
	>6 000	11	5 815	7 068	1 253	21.2	13.7
玉米	4 500～6 000	5	4 304	4 806	502	11.7	9.3
	6 000～9 000	9	7 137	8 126	989	13.9	11.2
棉花	<1 125	11	767	870	103	13.4	1.1
	1 125～1 500	13	1 005	1 328	323	31.5	5.1
	>1 500	8	1 163	1 607	444	38.2	5.2

鲁剑巍等研究结果表明（表1-6、表1-7），油菜施钾效果受成土母质的影响，施钾效果高低顺序为：花岗岩＞小河冲积物＞红砂岩＞页岩＞Q_3＞长江冲积物＞Q_2。土壤质地对油菜施钾效果也有明显影响，油菜施钾增产效果与土壤中＞0.02毫米的细粒含量呈显著正相关，另外与＞0.2毫米的粗粒含量也呈正相关，即质地愈粗施钾效果愈好，而黏粒含量愈高则施钾效果愈差。

表 1-6　不同成土母质水稻土油菜施钾增产效果

土壤母质	地上部增产		籽粒部分增产		非籽粒部分增产	
	克/米^2	%	克/米^2	%	克/米^2	%
页岩	136	18.3	32	18.2	104	18.3
Q_2	93	10.8	−7	−3.0	100	15.9
Q_3	160	19.2	32	14.8	128	20.8
红砂岩	232	30.9	56	29.2	176	31.4
长江冲积物	104	14.6	16	9.1	88	16.4
小河冲积物	296	43.0	64	34.8	232	46.0
花岗岩	296	37.4	88	47.8	208	34.2

表 1-7 土壤机械组成与油菜施钾效果的关系

土壤机械组成（x,%）	油菜施钾增产率（y,%）	$y=a+bx$	R^2
>0.2 毫米	地上部总量	$y=16.451+1.233 0x$	0.745 8**
	籽粒部分	$y=9.425 1+1.773 3x$	0.799 8**
	非籽粒部分	$y=18.897+1.051 9x$	0.638 2**
>0.02 毫米	地上部总量	$y=4.117 0+0.515 5x$	0.902 4**
	籽粒部分	$y=-1.897 1+0.582 1x$	0.596 6*
	子籽粒部分	$y=6.218 5+0.494 5x$	0.963 1**
0.02～0.002 毫米	地上部总量	$y=57.050-0.870 5x$	0.948 6**
	籽粒部分	$y=60.126-1.043 9x$	0.707 1**
	非籽粒部分	$y=56.238-0.814 5x$	0.963 1**
<0.02 毫米	地上部总量	$y=55.563-0.514 9x$	0.901 1**
	籽粒部分	$y=56.168-0.580 9x$	0.594 6*
	非籽粒部分	$y=55.584-0.494 2x$	0.962 5**
<0.01 毫米	地上部总量	$y=51.208-0.598 0x$	0.772 3**
	籽粒部分	$y=48.952-0.622 4x$	0.433 7
	非籽粒部分	$y=52.233-0.592 7x$	0.879 9**
<0.002 毫米	地上部总量	$y=51.066-1.156 9x$	0.763 9**
	籽粒部分	$y=48.054-1.169 9x$	0.405 0
	非籽粒部分	$y=52.307-1.156 2x$	0.884 8**

二、钾对作物品质的影响

钾对许多作物品质改善都有促进作用，不仅表现在提高产品的营养成分，而且也表现在能延长产品的储存期，更耐搬运和运输，特别是对叶菜类蔬菜和水果来说，钾能使其产品以更好的外观上市，使水果的色泽更鲜艳，汁液含糖量和酸度都有改善。

（一）外观品质

外观品质主要是指产品的完整性、大小、形状和色泽等。钾能促进瓜果和块根、块茎的膨大，使其大小均匀，降低大豆皱缩和发霉豆粒的发生率。有试验表明，钾对苹果外观品质有很大的影响，主要表现在使果品颜色均匀和提高商品等级上，钾营养充足可降低收获晚的甘蓝黑心百分率。

（二）感觉特性

感觉特性主要指口感、香味等。钾可改善柑橘糖酸比，增加西瓜甜度，改善饲料作物的适口性。研究表明，钾能够提高葡萄口感，提高酿酒葡萄鲜果的等级及葡萄酒的乙醇含量。

（三）营养成分

营养成分指碳水化合物、蛋白质、脂肪、维生素和矿物质的组成和含量等。钾能够提高谷类作物的蛋白质含量，分别提高玉米和小麦蛋白质 8.4% 和 5.1%；提高油料作物的含油量和脂肪；分别提高柑橘全糖量和维生素 C 6.3%和 8.0%。施钾还能减少某些作物体内的有害成分，如蔬菜作物配施钾肥可大大降低硝酸盐含量，分别降低白菜和莴苣中硝酸盐含量 14.9%和 6.1%。另外，钾能够降低烟草中尼古丁及木薯根中氢氰酸（HCN）的含量。

（四）加工利用特性

钾能使小麦面筋含量增加，有利于加工，可提高面粉沉淀率 15.2%，改善烘烤品质。还可增加棉花纤维长度 7.4%和苎麻纤维强度 14.4%。

（五）储存期

有研究表明，白菜和秋甘蓝存放 115 天后不施钾处理全部腐烂，而施钾处理的好菜率分别达到 60.3%和 41.9%。番茄存放 28 天后不施钾处理均已腐烂，而施钾处理烂果率只有 44%，直至存放 42 天后才全部腐烂。钾对降低荔枝的褐斑率的作用也很明显（表 1-8）。

表 1-8 施钾对部分作物品质的影响

作物	指 标	NP	NPK	质量变化（%）
玉米	蛋白质（克/千克）	95	103	8.4
	含油量（克/千克）	40	44	10.0
	必需氨基酸（克/千克）	34	38	11.8
小麦	蛋白质（克/千克）	138	145	5.1
	面粉沉淀率（%）	46	53	15.2
棉花	衣分（克/千克）	400	417	4.3
	纤维长度（毫米）	28.4	30.5	7.4
苎麻	纤维强度（千克/克）	32.6	37.3	14.4
	皮厚（毫米）	1.3	2.0	53.8
油菜	含油量（克/千克）	269	378	40.5
	必需氨基酸（克/千克）	242	255	5.4
大豆	脂肪（克/千克）	184	209	13.6
	蛋白质（克/千克）	402	424	5.5
花生	脂肪（克/千克）	490	520	6.1
	必需氨基酸（克/千克）	87	94	8.0
白菜	维生素 C（毫克/千克）	352	432	22.7
	硝酸盐含量（毫克/千克）	4701	4004	−14.9
莴苣	维生素 C（毫克/千克）	73.6	76.7	4.2
	硝酸盐含量（毫克/千克）	1 641	1 543	−6.1
柑橘	全糖量（克/千克）	95	101	6.3
	维生素 C（毫克/千克）	249	269	8.0
	固形物（克/千克）	90	115	27.8
苹果	商品分级（一级，%）	94.0	95.7	1.8
	着色度（全红，%）	90.0	92.7	3.0
荔枝	无褐斑（0℃保存 22 天后，%）	0	17.4	—
	带褐斑点（0℃保存 22 天后，%）	41.3	13.8	−66.6

第三节 我国农田钾肥施用量

在20世纪70年代前，我国基本上没有矿质钾肥供应，70年代中期以来氮磷肥用量大幅度增长，而钾肥用量仍然很少，自80年代初开始钾肥用量逐渐增加，钾肥用量（K_2O，下同）从1980年的34.6万吨增长到2014年的641.9万吨，平均年增长率达到8.7%，分别是1985年、1995年、2005年的8.0倍、2.4倍、1.3倍。2000年我国单位耕地面积钾肥用量为29千克/公顷，2014年增加到46千克/公顷，平均年增长率为1.0%。不论从单位面积钾肥施用量还是从总施用量来看，我国都已处于世界较高水平（图1-2、图1-3）。

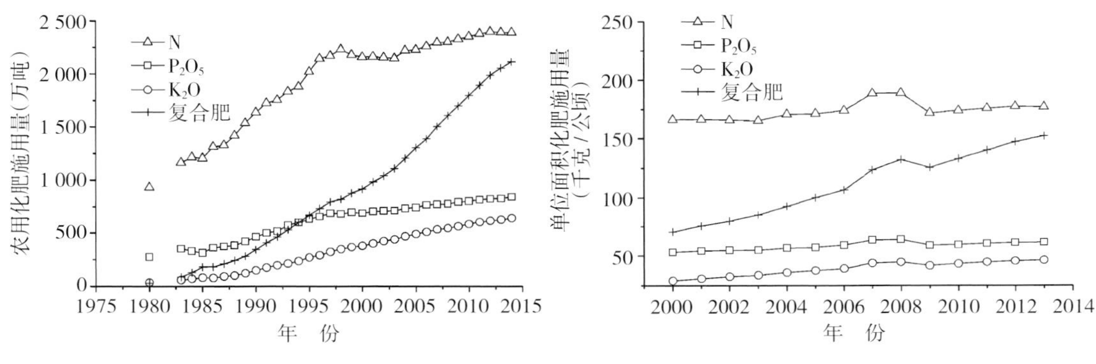

图1-2 我国农用化肥施用量　　图1-3 我国单位耕地面积化肥施用量

我国作物类型多样，钾肥施用情况各异。根据农户施肥量调查数据推算（表1-9），粮食、水果和蔬菜三大类作物的施钾总量为990万吨，占全国钾肥施用总量的80.9%。粮食作物钾肥用量最大，其中小麦、玉米、水稻三大粮食作物总施钾量为543万吨，占全国钾肥施用总量的44.4%。其次是蔬菜和水果，施钾量分别为216万吨和163万吨，分别占施钾总量的17.7%和13.3%。大田经济作物、烟草和其他作物施钾量为233万吨，占全国总施钾量的19.1%。

表1-9 主要作物钾肥施用量

作物类型	作物	种植面积（万公顷）	施用量（万吨）	所占比例（%）	单位面积施用量（千克/公顷）
粮食作物	水稻	3 031	214	50.0	70.6
	小麦	2 412	121		50.2
	玉米	3 632	208		57.3
	马铃薯	561	49		87.3
	大豆	679	19		28.0
经济作物	棉花	435	41	11.6	94.3
	油菜	753	40		53.1
	花生	463	33		71.3
	甘蔗	182	28		153.8
	甜菜	18.2	0		0

（续）

作物类型	作物	种植面积（万公顷）	施用量（万吨）	所占比例（%）	单位面积施用量（千克/公顷）
蔬菜作物	蔬菜	2 090	216	17.7	103.3
水果作物	水果	1 237	163	13.3	131.8
特产作物	烟草	162	36	2.9	222.2
其他			55	4.5	
合计			1 223	100.0	

全国主要农作物单位面积钾肥施用量统计结果，烟草施钾量最高，达到222.2千克/公顷，其次是甘蔗和水果，分别达到153.8千克/公顷和131.8千克/公顷。粮食作物单位面积施钾量在28.0～87.3千克/公顷之间，大田经济作物单位面积施肥量在53.1～153.8千克/公顷之间。我国主要农作物单位面积施用量均处于世界较高水平，一方面受耕地面积制约，追求单位面积的高产出；另一方面是受高投入高产出观念的影响和劳动力成本高的制约，农民普遍采用大水大肥、“一炮轰”、撒施等粗放的施肥方式，造成单位面积作物施肥量居高不下。

20世纪80年代我国钾肥消费仅集中在广东、福建、江西和湖南等南方城市，1995年则扩大到东部和南部大部分地区，目前全国主要地区都开始使用钾肥。区域间钾肥施用量不等，整体上华东、华北、华中南地区投入高，西南、东北地区投入低的局面一直存在。随着经济发展和种植业结构调整，不同区域间钾肥用量的差异越来越大。根据农户施肥量调查结果（表1-10），华北、华东、华中南地区施钾量最高，钾肥施用量占全国总施用量的65.7%，其中华中南地区和华东单位面积施钾量最高，分别为94.2千克/公顷和92.4千克/公顷。东北、华北、西南、西北四地区单位面积施钾量均低于全国平均水平，其中东北地区单位面积施钾量最小。西北地区施钾总量最少，仅有108万吨，占全国总施用量的8.8%。

表1-10　我国不同区域钾肥施用情况

区域	农作物播种面积（万公顷）	施钾量（万吨）	单位面积施钾量（千克/公顷）
东北	2 182.3	127	58.2
华北	4 575.9	302	66.0
华东	2 716.3	251	92.4
华中南	2 844.0	268	94.2
西南	2 598.5	167	64.3
西北	1 545.8	108	69.9
合计	16 462.8	1 223	74.3

第四节　我国耕地土壤钾素含量

我国土壤全钾含量为0.05%～2.50%，在大量元素中含量是最高的。我国土壤钾含量大体呈南低北高、东低西高的趋势（表 1-11）。

表 1-11 2005—2014 年我国区域土壤速效钾含量

地区	样本数（$\times 10^4$）	平均值（毫克/千克）	5%～95%范围（毫克/千克）
华北区	228	127.7	62.0～224.0
东北区	146	148.9	68.0～270.0
华东区	122	102.5	38.0～202.0
华南区	157	90.1	32.0～185.0
西南区	138	108.9	40.0～233.0
西北区	70	161.5	71.0～300.0
全国	861	120.6	43.0～237.0

我国北方土壤，受气候、成土母质、土地利用等条件的综合影响，土壤风化程度较南方低，当前的土壤速效钾、缓效钾以及全钾含量均较高。新疆等地的各种漠土因气候干燥，黑云母等含钾矿物的分解、淋溶作用微弱，土壤含钾量很高，缓效钾含量高达 2 000 毫克/千克，因此漠境地区的土壤是我国供钾水平最高的土壤。东北黑土、黑钙土、栗钙土等的云母含量可达 30%以上，黏土矿物主要是水云母—蒙脱石，土壤中含有很丰富的钾素。华北平原地区石灰性土壤的供钾水平因质地而不同。黏质潮土含钾量高，目前不需要钾肥。砂质土供钾水平中等，某些作物施钾有效。微酸性的棕壤是本地区供钾水平较低的土壤。西北黄土地区的塿土、黑垆土受黄土母质的影响，土壤供钾潜力很高。

长江中下游黄棕壤供钾潜力要比华北、西北地区的黄土性土壤低，而比红壤高，属于中等水平。黄棕壤是北亚热带地区的地带性土壤，有明显的南北过渡特点。湖北省不同地带性土壤中，红壤、黄棕壤和黄褐土由南向北由于土壤黏土矿物类型和含量的变化和风化淋溶作用的逐渐减弱等原因，其土壤钾含量呈现出红壤<黄棕壤<黄褐土的规律。江苏、安徽、湖北等地的黄棕壤土壤钾含量较低，施钾效果明显。

长江中下游由冲积和湖积物发育的水稻土因其物质来源不同土壤含钾量有差异。其沿岸的砂质土壤是长江中下游冲积和湖积区供钾水平最低的土壤。长江沉积物含黑云母 5%～10%，主要黏土矿物为伊利石云母类物质，因而沉积而成的水稻田含钾量高。湘江沉积物和第四纪红色黏土含少量或不含黑云母，主要黏土矿物为高岭石，由它所沉积形成的稻田含钾量较低。太湖地区 8 种主要土壤中以分布面积较大的白土和黄泥土（黄土性母质）的含钾量较低，以狗肝泥（长江冲积物）最高。长江三角洲出口段的石灰性冲积物发育的土壤钾素较丰富。从全国来看，这一地区土壤的供钾水平属于中至中下等。

紫色土在我国南方的各省份均有分布，而以四川省的面积最大。紫色土是由紫色泥岩、页岩及砂岩风化发育形成的一种特殊土壤，它的肥力较高，特别是钾的含量较为丰富。紫色土的云母含量可高达 30%左右，且水云母是主要黏土矿物，土壤缓效钾平均高达 582 毫克/千克，钾素肥力较高，但不同亚类的供钾能力不同。酸性紫色土钾素含量低而碱性紫色土钾素含量高。

红黄壤地区土壤供钾潜力大多为低至极低，是我国缺钾较普遍的地区，该区土壤供钾潜力因母质不同而有所差异。广西柳州等南亚热带地区石灰岩发育的红色石灰土及其水稻土中云母含量仅1%左右，黏土矿物也以高岭石为主，故其供钾潜力为极低，类似于砖红壤地区的某些土壤。在湘、赣等省由石灰岩发育的土壤含钾量要稍高一些。黄壤的供钾潜力因母质风化程度和质地不同而不同。土壤供钾能力为：紫色土（紫红色泥质黏砂岩发育）>黄壤（黄色砂页岩发育）>石灰土（石灰岩发育）>黄壤（红色黏土发育）>潮泥（石灰岩冲积物）。

南方的砖红壤和赤红壤（除花岗岩、变质岩所发育者外）及其形成的水稻土，是我国地带性土壤中缺钾最突出的土壤。该区土壤母质中的含钾矿物如云母、水云母等已在地质风化时期分解殆尽，施入的钾肥也易淋失，其中砖红壤是我国地带性土壤中钾素水平最低的土壤，赤红壤以及其发育的水稻土的钾素含量也很低，特别是由花岗—片麻岩、浅海沉积物、玄武岩等母质发育的土壤。该地区一些花岗岩及变质岩母质发育的土壤，风化程度较轻，是华南地区供钾水平较高的土壤。

第五节　作物缺钾发生条件

一、土壤供钾不足

根据耕地土壤养分调查，我国土壤钾含量大体呈南低北高、东低西高的趋势。但随着作物产量的提高、复种指数的增加、农田中土壤钾素得不到及时补充，作物缺钾现象也日益普遍。

土壤中有效钾高低与土壤类型有密切关系，容易产生缺钾的土壤主要有：

（1）红黄壤。这类土壤具有黏、酸、瘦的特点，土壤有效钾低，土壤全钾也很低，加上土壤闭结紧实，不利根系生长，导致作物吸钾能力下降。

（2）滨海盐渍土等含钙、镁量高的土壤，由于钙和镁的拮抗作用，使钾的有效性降低。

（3）一些冲积物母质发育的泥砂土、泥质土类、浅海沉积物发育的砂性土以及石灰岩、玄武岩、花岗—片麻岩风化物发育的土壤，土壤有效钾偏低，作物容易发生缺钾症状。

（4）质地粗的土壤，其钾素流失严重，有效钾不足，且容易淋失。

（5）新近开垦的丘陵山地土壤和老旱地，其有机质比较少，有效钾也不足。

二、前茬作物耗钾量大

如前茬为大白菜、甘薯、甜菜、棉花等作物，其需钾量大，土壤钾素消耗量大，则土壤有效钾亏缺严重，容易引起后季作物缺钾，或者连年高需钾作物连作，也容易发生缺钾。

三、施肥不当

单一大量施用氮肥是诱发作物缺钾的重要原因。试验表明不施钾作物因受钾不足的影响而减产，但不一定有明显的缺钾症状出现，而在氮加倍的多氮区则出现缺钾症状。偏施氮肥促发缺钾症主要是破坏体内氮钾平衡，使氮的代谢及其他有关代谢陷于紊乱。

土壤中施入过量的钙和镁等元素肥料，作物也会因拮抗作用而诱发缺钾。

有些地区偏施化肥，基本上不用或很少施用有机肥料。长期单施化肥破坏了土壤结构的稳定性，容重增加，孔隙度降低，土壤水稳性结构破坏率提高，使耕层土壤发僵，土体黏韧板滑，从而影响作物根系的生长，降低对钾的吸收能力。

四、气候

气候条件对缺钾的发生也有一定影响，长期阴雨如江南的梅雨季节，大豆、番茄等蔬菜容易发生缺钾，地势低洼、地下水位高的更加严重。这是因为田间长期渍水不能排干，土壤不能有效氧化，根系更新不良，钾的吸收能力降低。如早稻生育前期遇长期阴雨，一旦放晴出现高温晴热天气则往往引起缺钾症急剧发生，这和前期阴雨低温有机肥料分解缓慢，而当急速转入高温时有机质分解陡增而导致土壤还原性急剧上升有关。而降雨量大或降雨集中从而导致土壤钾素流失严重也会引起作物缺钾。

五、田间栽培管理

田间排水不良，导致土壤过湿，土壤还原性强，根系活力降低，使钾的吸收受阻，作物容易发生缺钾症状；反之，若土壤过度干旱也会导致某些蔬菜缺钾，如花椰菜、甘蓝、长梗白菜等在长期干旱下（秋旱），缺钾症明显增加。土层紧实也会导致缺钾，如在田垄（田埂）种植大豆极易缺钾，未经翻耕的小粉土点播大豆比翻耕的缺钾严重，这些可归因于板结的土壤抑制根系发育，进而影响根系对钾素的吸收。

第二章

粮食作物缺钾症状与施钾技术

第一节　水　　稻

一、我国水稻生产概况

我国水稻种植历史悠久，是世界水稻历史起源地之一。水稻作为我国第一大粮食作物，2007 年之前种植面积和总产量居粮食作物之首，近年来其种植面积和总产量均低于玉米，位居第二位。2015 年我国水稻种植面积约 3 022 万公顷，稻谷总产约 2.08 亿吨，平均单产 459 千克/亩[①]；2014 年全年全国稻谷总消费量 3.92 亿吨，是目前世界上最大的大米生产国和消费国。

目前国内水稻种植面积约占全国耕地面积的 1/4，主要分布在东北三省、长江中下游地区以及华南两广地区和台湾省。由于分布区域广阔，各地生态环境多样，因此我国稻种资源丰富，品种繁多，以至各个地区水稻栽培品种各不相同。如果以秦岭淮河为界，以南区域多种植籼稻，以北区域则多为粳稻；以其对光照和温度的反应不同，不同区域水稻可分为早稻、中稻和晚稻；以栽培方式划分可分为水稻和陆稻（旱稻）。稻米按其用途可以分为食用稻、饲料稻和工业用稻。直接食用的稻米约占 84%，工业和饲料用约占 10%。作为食用稻，稻米营养价值高，主要成分为淀粉，并含有多种碳水化合物、粗纤维、脂肪等物质，易消化，口感好，可以满足人们对食用粮的要求。稻米经过加工，可以制成发酵产物，也是许多地区重要的特色饮食，同时其副产品也是很好的饲料。作为工业用稻，其副产品用途同样十分广泛，米糠、稻壳、稻草都是工业生产中重要的原料。

二、水稻的营养特性

不同水稻品种对氮、磷、钾的吸收量及比例略有不同（图 2-1），每生产 100 千克的稻谷，需吸收氮素（N）1.5～2.5 千克、磷素（P_2O_5）0.8～1.3 千克、钾素（K_2O）1.8～3.8 千克，对 N、P_2O_5、K_2O 吸收比例约为 2∶1∶3。其中稻谷中含氮量较高，含钾量较低；秸秆中含钾量较高，为籽粒的 5～10 倍，含磷量最低。水稻植株对养分的吸收量从移

① 亩为非法定计量单位，1 亩=1/15 公顷≈667 米^2。——编者注

栽到分蘖末期约占整个生育期总吸收量的20%；从分蘖末期到孕穗期，植株吸收的养分占总吸收量的50%～60%，此阶段根系吸收养分能力最强；抽穗以后，植株还需要吸收占总量20%～30%的养分，但根系吸收养分的能力迅速减弱。水稻生长受水、肥、气、热的影响，其需肥规律有明显差异，不同水稻品种间在生育期内体内养分的变化也有差异。早稻从分蘖到抽穗一直高强度吸收磷钾，而晚稻仅在分蘖期有吸收高峰，但晚稻对磷钾的养分利用效率一般要高于早稻（图2-1）。

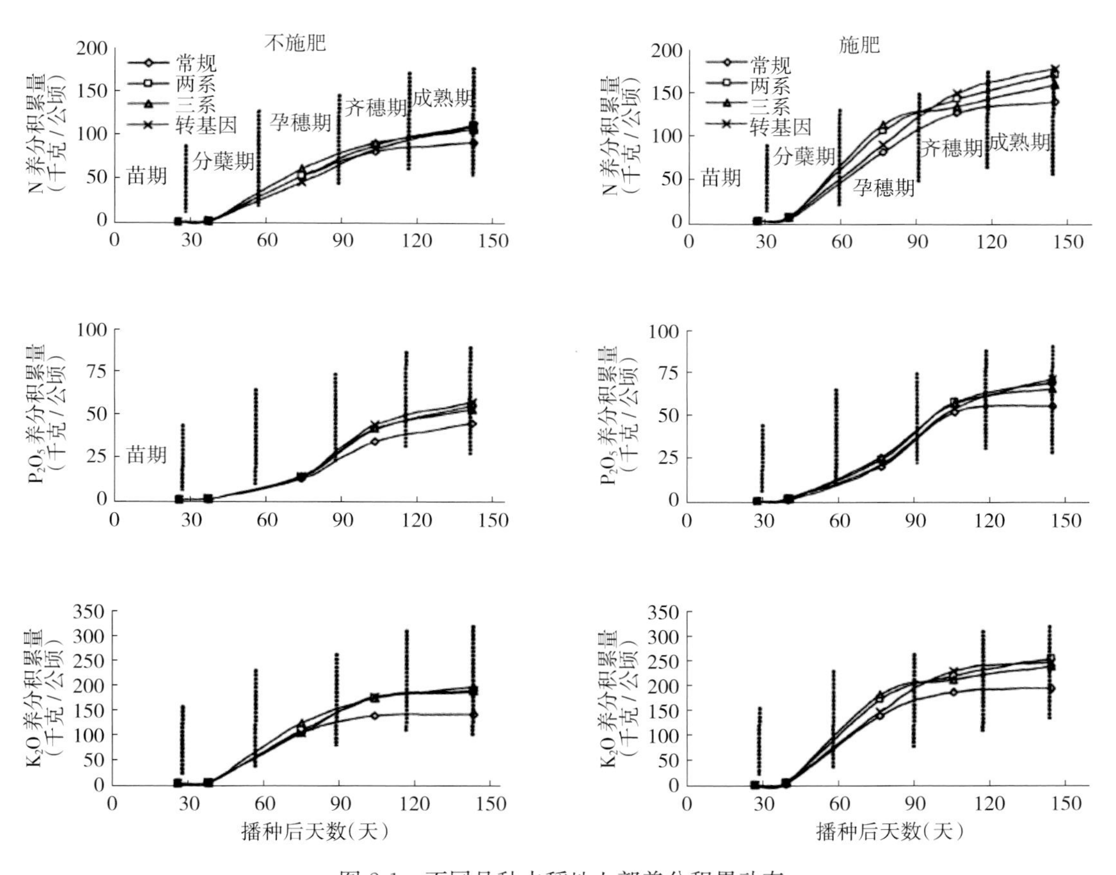

图2-1　不同品种水稻地上部养分积累动态

三、水稻缺钾症状

水稻缺钾症状在我国南方稻区都有发生，其中两广、浙江、湖南较为普遍。水稻缺钾，植株矮小，茎短而细，分蘖少，老叶软弱下披，心叶挺直。叶片自下而上从叶尖起先黄化，随后向叶基部逐渐出现黄褐色至红褐色斑点，最后干枯变成暗褐色。严重缺钾时叶片枯死，有些植株叶鞘、茎秆也出现病斑，远看一片焦赤，俗称“铁锈病”。根系发育显著受损，发育不良，易脱落易烂根。穗长而细，谷粒缺乏光泽，不饱满，易倒伏和感病（图2-2至图2-5）。

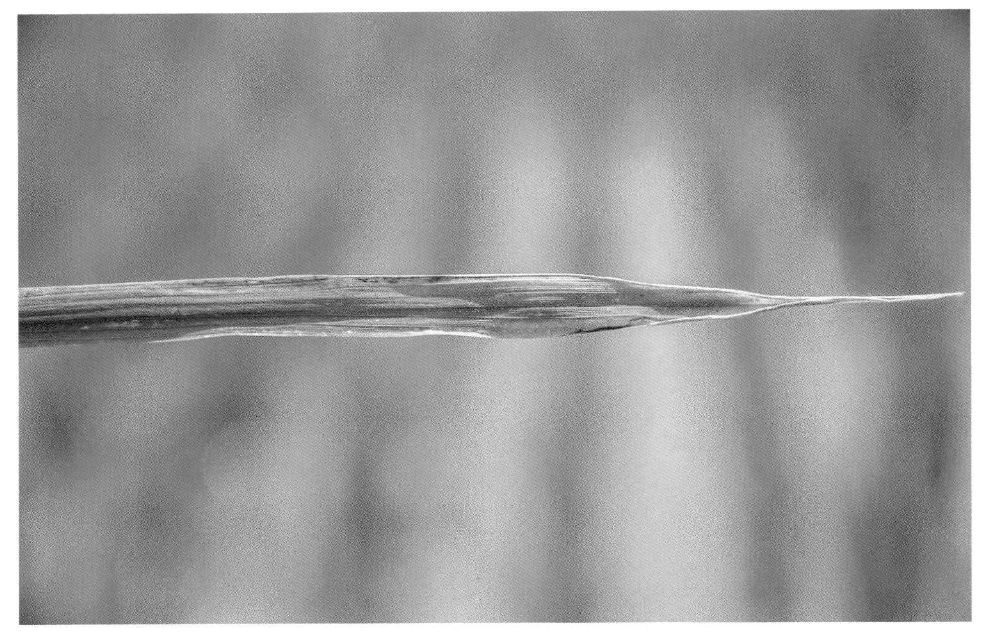

图 2-2　水稻缺钾叶片症状　　（鲁剑巍　拍摄）

图 2-3　分蘖期水稻缺钾典型症状　　（王筝　拍摄）

图 2-4　分蘖期水稻缺钾景观　（李昆　拍摄）

图 2-5　乳熟期水稻严重缺钾症状　（鲁剑巍　拍摄）

四、水稻施钾技术

如前所述，每生产 100 千克稻谷需要 K_2O 1.8～3.8 千克，一般来讲杂交水稻需钾较多，常规水稻需钾较少；晚稻需钾量较多，早稻需钾量少。在我国配方施肥技术的推广中，常通过前 3 年水稻产量的情况来确定目标产量，并结合土壤速效钾含量合理确定施肥量。具体施钾量可参考表 2-1。

表 2-1　不同目标产量的水稻钾肥推荐用量（千克 K_2O/亩）

土壤速效钾（毫克/千克）	产量水平（千克/亩）		
	＜400	500	＞600
＜50	5.0	6.0	10.0
50～100	3.0	5.0	8.0
100～130	2.0	4.0	5.0
130～160	0	2.0	3.0
＞160	0	0	2.0

钾肥品种中硫酸钾和氯化钾均是良好的钾肥源，一般推荐施用氯化钾。钾肥除在漏水田、薄土田、质地较砂的土壤及钾肥易流失的土壤上提倡分次施及适当早施外，一般做基肥或分蘖肥。钾肥作基肥和早期追肥对促进根系发育、提前分蘖和增粒增重效果明显。一般应以钾肥施用量的 2/3 作基肥 1/3 作早期追肥，或 50%作基肥，50%作早期追肥比较适宜。

在水稻营养中各种营养元素之间具有相互促进作用，并存在一定的动态平衡关系。如果缺少任何一种养分，不但会导致水稻植株中该元素的缺乏，而且还会影响其他元素的正常吸收利用，导致水稻不能正常生长发育，因此钾肥需与其他肥料合理配合施用。有研究表明，低氮条件下即使增施钾肥作物也难以增产，要保证产量的提高就必须将氮、钾肥用量保持在适宜的比例，因为氮和钾在植物代谢过程中有互补作用，不适宜的 N/K 比会阻碍生长发育。

另外还应注重有机肥的施用，特别是农作物秸秆的有效利用。作物吸收的钾素 80%以上存在于秸秆中，这些钾素可以快速释放，是一种重要的速效性钾素资源，可与传统钾肥起到相同作用。研究表明，秸秆还田情况下，在减少施用钾肥 30%～40%仍能保障水稻的稳产或高产。一般秸秆粉碎 5～10 厘米，秸秆还田量以 500 千克/亩以内较为适宜，还田后应浅水泡田 5～7 天，水深度 2～3 厘米。

第二节　小　　麦

一、我国小麦生产概况

小麦是我国重要的商品粮食和战略性粮食储备品种，小麦生产直接关系到我国的粮食安全和小麦产区的农业增效与农民增收，在国民经济中占有重要的地位。我国是全球小麦产量和消费量最大的国家，小麦是我国最重要的粮食作物之一。2015年小麦种植面积为2 414万公顷，占全国耕地总面积的17.9%，占粮食作物种植总面积的21.4%，仅次于水稻和玉米，居第三位；其总产量为1.30亿吨，平均单产为360千克/亩。

小麦按播种季节可分为冬小麦和春小麦两种，我国以冬小麦为主，播种面积约占总面积的93%以上，冬小麦主产区为河南、山东、河北等省，春小麦主要分布在东北、西北及华北北部；根据小麦皮色不同可分为白皮小麦（简称白麦）和红皮小麦（简称红麦）；按籽粒质地分为硬质小麦和软质小麦。作为人口大国，小麦在我国主要作为加工面粉的原料，小麦粉富含面筋质，可以制作松软多孔、易于消化的馒头、面包、饼干和多种糕点，是食品工业的主要原料。小麦的副产品麦麸是优良的精饲料，还可以充当培养植物菌种的辅料。另外小麦也是酿酒、饲料、医药、调味品等工业的主要原料。

二、小麦的营养特性

由于气候、土壤、栽培措施、品种特性等的变化，小麦吸收氮、磷、钾的总量及其在不同器官中的含量有较大差异。每生产100千克小麦籽粒需要吸收氮（N）3.0千克左右，磷（P_2O_5）1.0～1.5千克，钾（K_2O）2.0～4.0千克，N、P_2O_5、K_2O的比例约为3∶1∶3，其中氮、磷主要集中于籽粒中，钾则主要集中于茎叶中，占全株总吸收量的77.6%。冬小麦从苗期到成熟期各个阶段的养分吸收特点是：越冬到拔节期小麦对养分的吸收量不大，但是这个阶段氮素代谢旺盛，同时对磷、钾反应敏感，需要充分的氮素营养及适量的磷素和钾素。拔节、孕穗至开花期养分吸收量迅速增加，但以钾的吸收量最多。这个时期冬小麦对氮、磷、钾的吸收量分别占到总吸收量的54.9%、81.4%、89.6%。开花期以后对氮、磷、钾的吸收量普遍下降。其中拔节孕穗期是冬小麦吸收养分最多的时期。春小麦对氮和钾的吸收高峰分别在拔节至孕穗和开花到乳熟期，在这两个时期氮的吸收量分别占总吸收量的30.7%和31.0%，钾的吸收量分别占总吸收量的28.3%和28.5%。春小麦对磷的吸收与冬小麦不同，几乎60%的磷是集中在孕穗以后吸收。

三、小麦缺钾症状

缺钾小麦植株呈蓝绿色，生长不良，茎秆矮小易倒伏，叶软弱下披，上、中、下部叶片的叶尖及边缘枯黄，叶片无斑点。症状首先出现在老叶，老叶衰弱色暗绿，而后逐步变褐，叶脉仍呈绿色，火烧状。严重缺钾时整叶干枯。缺钾时，小麦叶片与茎节长度不成比例，较易遭受霜冻、干旱和病害，分蘖减少，成穗少，籽粒不饱满（图2-6至图2-9）。

图 2-6　小麦叶片缺钾典型症状　　（鲁剑巍　拍摄）

图 2-7　苗期小麦缺钾典型症状　　（司东霞　拍摄）

图 2-8　抽穗期小麦缺钾症状　　　　　　（鲁剑巍　拍摄）

图 2-9　腊熟期小麦缺钾症状　　　　　　（张朝春　拍摄）

四、小麦施钾技术

冬小麦的施钾量可根据目标产量和土壤速效钾含量合理确定，具体施钾量可参考表2-2至表2-4。

表 2-2　不同目标产量华北平原冬小麦钾肥推荐用量（千克 K_2O/亩）

土壤速效钾（毫克/千克）	产量水平（千克/亩）	
	≤500	>500
<90	4.0	5.0
90～120	2.0	4.0
120～150	0	2.0
>150	0	0

表 2-3　不同目标产量长江中下游冬小麦钾肥推荐用量（千克 K_2O/亩）

土壤速效钾（毫克/千克）	产量水平（千克/亩）		
	300	400	500
<50	5.5	8.0	10.5
50～100	4.0	6.0	8.0
100～130	2.5	4.0	5.5
130～160	1.5	2.0	2.5
>160	0	0	0

表 2-4　不同目标产量西北旱作冬小麦钾肥推荐用量（千克 K_2O/亩）

土壤速效钾（毫克/千克）	产量水平（千克/亩）	
	≤300	>300
<90	2.0	2.5
90～120	1.0	1.5
120～150	0	0.5
>150	0	0

小麦是生育期较长的作物，要求土壤持续不断地供应养分，所以一般强调基肥要施足。基肥应该以腐熟的有机肥为主，并配合适量的无机肥料。小麦的钾肥一般做基肥施用，在我国南方雨水较大的地区可考虑分次施用以免施肥量过大引起肥料的损失。钾肥的施用还需与其他肥料合理配合施用，如节制氮肥，控制氮钾比例。当苗期缺钾时，可开沟适当追施化学钾肥或草木灰以缓解缺钾症状；后期缺钾，可叶面喷施0.2%～0.3%磷酸二氢钾水溶液，间隔7～10天，连喷2～3次。

第三节　玉　　米

一、我国玉米生产概况

玉米是粮食、饲料和工业原料兼用的农作物，是我国重要的粮食作物之一。近年来我国玉米面积、产量逐年增加，已超过水稻，位居首位，2015 年玉米播种面积、总产和单产分别达到 3 812 万公顷、2.25 亿吨和 393 千克/亩，分别比 2010 年增加 562 万公顷、4 738 万吨和 29 千克/亩。我国玉米播种面积在世界上排在美国之后位居第二，但单产排在世界 21 位，是单产排在前 10 位国家平均水平的 67%，因此我国玉米单产水平的提高仍有较大潜力。

按照自然资源禀赋、玉米生产条件及规模和市场需求，我国玉米生产以北方春玉米区、黄淮海夏玉米区、西南玉米区为优势区域。

北方春玉米区包括黑龙江、吉林、辽宁、内蒙古、宁夏、甘肃、新疆七省（自治区）玉米种植区，河北、北京北部，陕西北部与山西中北部，及太行山沿线玉米种植区。区内玉米种植面积和玉米产量分别占全国玉米总面积和总产量的 43% 和 47%。其中，东三省和内蒙古的东四盟是我国北方春玉米区内的玉米集中产区。

黄淮海夏玉米区涉及黄河流域、海河流域和淮河流域，包括河南、山东、天津，河北、北京大部，山西、陕西中南部和江苏、安徽淮河以北区域。本区玉米种植面积和产量分别占全国玉米总面积和总产量的 37% 和 36%。

西南玉米区主要由重庆、四川、云南、贵州、广西及湖北、湖南西部的玉米种植区构成，是我国南方最为集中的玉米产区。区内玉米种植面积和玉米产量分别占全国玉米总面积和总产量的 16% 和 13%。

二、玉米的营养特性

玉米全生育期中吸收的氮最多，钾次之，磷最少。玉米对氮、磷、钾吸收数量受栽培方式、产量水平、不同品种特性、土壤、肥料和气候的影响而有较大的变化。一般而言，每生产 100 千克玉米籽粒需要从土壤中吸收氮（N）2.4～4.0 千克、磷（P_2O_5）0.9～1.4 千克、钾（K_2O）2.3～5.5 千克。

玉米对氮、磷、钾的吸收有明显的阶段性，生育期不同，所吸收的氮、磷、钾数量也不尽相同。玉米有春玉米和夏玉米之分，其吸肥动态规律大体一致，但生育期长短不同，生长期间环境条件不一样，吸收养分的特点也有所差异。玉米一般苗期生长缓慢，植株较小，吸收氮、磷、钾较少，春玉米和夏玉米吸收的氮、磷、钾分别只占全生育期总吸收量的 9%、4%、11% 和 4%、5%、5%。拔节到抽雄是玉米一生中生长最旺盛的时期，到抽雄时，春、夏玉米吸收氮、磷、钾分别为全生育期吸收总量的 44%、24%、47% 和 51%、50%、73%。两者相比，夏玉米此期吸收的磷、钾明显高于春玉米。至授粉期，春玉米吸收的氮、磷、钾已分别达到全生育期吸收总量的 76%、52% 和 97%，对夏玉米而言，则达 56%、63% 和 80%。两者相比，夏玉米在授粉后所吸收的氮和钾比春玉米多。

三、玉米缺钾症状

玉米缺钾时，根系发育不良，植株生长缓慢。缺钾的玉米植株，下部老叶叶尖黄化，叶缘似火红焦枯，并逐渐向整个叶片的脉间区扩展，沿叶脉产生棕色条纹，并逐渐干枯呈灼烧状坏死，但上部叶片仍保持绿色，严重时黄化现象可从下部老叶逐渐向上发展。缺钾玉米植株瘦弱、易感病、易倒折，果穗发育不良或出现秃尖，籽粒瘪小，产量降低（图 2-10 至图2-13）。

图 2-10 玉米缺钾叶片症状 （鲁剑巍 拍摄）

图 2-11 大喇叭口期玉米典型的缺钾症状 （鲁剑巍 拍摄）

图 2-12　灌浆期玉米典型的缺钾症状　（司东霞　拍摄）

图 2-13　缺钾玉米籽粒症状　（司东霞　拍摄）

四、玉米施钾技术

玉米的合理施肥需要以玉米的养分需求规律为依据，保证土壤具有玉米生长发育最适宜的营养状况，提倡增施有机肥，有机无机相配合的施肥方法，对于玉米钾肥的施用技术提出以下建议：

（1）合理确定钾肥施用量。按目标产量和土壤速效钾含量水平确定钾肥用量，一般亩施纯钾（K_2O）6～8 千克，春玉米和夏玉米的施肥量略有不同（表 2-5、表 2-6）。

表 2-5　不同目标产量的东北春玉米钾肥推荐用量（千克 K_2O/亩）

土壤速效钾（毫克/千克）	产量水平（千克/亩）		
	500	575	650
<60	4.0	4.5	5.0
60～120	3.0	3.5	4.0
120～160	0	2.0	3.0
>160	0	1.0	2.0

表 2-6　不同目标产量的华北夏玉米钾肥推荐用量（千克 K_2O/亩）

土壤速效钾（毫克/千克）	产量水平（千克/亩）		
	<500	500～600	>600
<90	4.0	5.0	7.0
90～120	2.0	4.0	5.0
120～150	1.0	2.0	3.0
>150	0.0	1.0	2.0

（2）钾肥分次施用。一般将钾肥分作 2 次施用，基肥与追肥的比例以 7∶3 为宜。在多雨地区和土壤较砂的田块尤其重要。

（3）加强田间管理。翻耕和保持土壤疏松透气，有利于提高钾的有效性，加强田间管理，防止土壤干旱和渍害，有利于防止缺钾症的发生。

（4）充分利用各种钾肥资源。增施草木灰和有机肥，进行秸秆还田。

（5）发现玉米出现缺钾症状时，可每亩追施氯化钾或硫酸钾 8～10 千克，生长后期可用磷酸二氢钾或硫酸钾溶液进行叶面喷施。

第四节　马 铃 薯

一、我国马铃薯生产概况

马铃薯是我国的第五大重要的粮食作物。2015 年其种植面积为 552 万公顷，占全国耕地总面积的5.4%，其总产量为1897万吨，平均单产为229千克/亩。随着经济条件的改善和生产水平的提高以及畜牧业的发展，我国对粮食产品的需求量正不断增加。而马铃薯是生育期短、适应性广、耐瘠薄、高产、营养全面、效益又较高的作物，能在栽培条件好的地区种植获得高产，在条件恶劣的地方也能获得相对较高的收成，以保障粮食产量和增加农民收入。因此，随着我国人口不断增长，食物安全问题突显，马铃薯作为一种抗逆高产作物的地位将会越来越重要，目前我国马铃薯生产区域和种植面积有不断扩大的趋势。中国马铃薯种植区可分为北方一作区，中原二作区，南方二作区和西南混作区，主产区是西南山区、西北、内蒙古和东北地区。根据熟性可将马铃薯分为极早熟、早熟、中熟、中晚熟、晚熟五类。从其用途上可以分为鲜食、淀粉加工、全粉加工、炸片加工、炸条加工和烧烤等多种类型。马铃薯主要用作粮食、蔬菜、饲料外，还是工业兼用原料，可加工成薯片、薯条、全粉（雪花粉、颗粒粉）、薯块、淀粉、薯粒、沙拉及化工产品，如乙醇、茄碱、卡茄碱、乳酸等等。但最主要的加工产品仍为淀粉、薯片、薯条和全粉。

二、马铃薯的营养特性

马铃薯对氮、磷、钾的需求量因栽培地区、产量水平及品种等因素而略有差别，每生产1 000千克鲜薯约需氮（N）4.4～5.5千克、磷（P_2O_5）1.8～2.2千克、钾（K_2O）7.9～10.2千克，其养分需求比例大致为1∶0.4∶2，可见马铃薯是典型的喜钾作物，钾含量在生育前期以茎中最高，叶居中，块茎最低，但到块茎成熟时以块茎中最高。从绝对数量上，各生育期马铃薯对钾的吸收最多，氮次之，磷最少。从相对吸收百分数和比例看，各生育期的需要程度为：苗期植株所吸收的氮、磷、钾分别为全生育期吸收总量的18%、14%和14%；块茎形成期所吸收的氮、磷、钾分别达到全生育期总量的35%、30%和29%，即N>P>K；块茎增长期植株所吸收的氮、磷、钾数量分别为全生育期的35%、35%和43%，即K>N、P；淀粉积累期则分别为12%、21%和14%，即P>K>N。马铃薯在苗期和淀粉积累期对三要素的吸收量均较少，而块茎形成期和块茎增长期是对三要素吸收最多的时期，在这两个时期的吸收量占全生育期吸收总量的70%左右，其中块茎增长期是全生育期吸收养分最多的时期，但就吸收速率而言，钾以块茎增长期最高，氮磷以块茎形成期最高。

三、马铃薯缺钾症状

马铃薯缺钾时生长缓慢，缺钾症状一般到块茎形成期才呈现出来，上部节间缩短，叶面积缩小。小叶排列紧密，与叶柄形成的夹角小，叶面粗糙、皱缩并向下卷曲。缺钾早期叶尖和叶缘暗绿，以后变黄，再变成棕色，逐渐扩展到整个叶片；接着老叶的脉间退绿，叶尖、叶缘坏死，下部老叶干枯脱落。严重缺钾时植株呈“顶枯”，茎弯曲变形，叶片卷缩，叶脉下陷，有时叶脉干枯，甚至整株干死。块茎内部带灰蓝色晕圈（图2-14至图2-17）。

图 2-14　马铃薯缺钾叶片典型症状　　（鲁剑巍　拍摄）

图 2-15　苗期马铃薯缺钾植株症状　　（鲁剑巍　拍摄）

图 2-16 马铃薯缺钾植株症状 （鲁剑巍 拍摄）

图 2-17 块茎膨大期马铃薯严重缺钾植株症状 （鲁剑巍 拍摄）

四、马铃薯施钾技术

在我国，高纬度、高海拔地区的马铃薯主要为一作区，采用中、晚熟品种，因而生育期较长，施肥量一般较大；而在中原及南方二季作区，马铃薯生育期要求尽可能短，所以施肥量就不宜过大。马铃薯是典型的喜钾作物，在整个生育期内吸收钾肥最多。马铃薯不同生育期追施钾肥效果不同，以现蕾初期追施钾肥效果最佳，有利于延长生育期，提高块茎产量，肥料以硫酸钾为好。根据土壤供钾能力和目标产量水平确定钾肥用量，具体施钾量可参考表 2-7、表 2-8。

表 2-7　寒地（黑龙江）不同目标产量的马铃薯钾肥推荐用量（千克 K_2O/公顷）

土壤速效钾（毫克/千克）	产量水平（吨/公顷）		
	15～20	20～25	25～30
<70	140	170	—
70～100	120	145	180
100～150	100	120	150
150～200	80	95	120
>200	60	70	90

注：钾肥总量的 70%～80%作基肥，20%～30%作追肥。

表 2-8　北方一作区不同目标产量的马铃薯钾肥推荐用量（千克 K_2O/亩）

土壤速效钾（毫克/千克）	产量水平（千克/亩）		
	1 500	2 000	2 500
<100	13	18	22
100～150	10	14	17
>150	7	9	11

注：早熟品种钾肥全部做种肥施用，中晚熟品种钾肥 60%做种肥，40%于现蕾期追施。

马铃薯栽培要达到优质丰产，要求土层深厚（60 厘米），土壤有机质含量高，保水保肥能力强，养分供应稳定。增施有机肥既可培肥土壤提高地力，又可改善土壤理化性质增强土壤的通透性，有利于块茎的膨大。金平等的研究结果表明，氮、磷肥与有机肥配合施用有显著增产效果，与氮、磷对照相比添加鸡粪处理增产 31.2%，比添加土杂肥、马粪分别提高了 6.8%、13.9%（表 2-9）。

表 2-9　有机肥与氮、磷化肥配施对马铃薯产量的影响

处　理	产量（吨/公顷）	增产率（%）
NP	29.5	—
NP+M（马粪）	34.6	17.3
NP+J（鸡粪）	38.7	31.2
NP+L（土杂肥）	36.7	24.4

注：有机肥用量为 22.5 吨/公顷。

有机肥施用一般要结合深耕进行，深耕 20～30 厘米，土壤肥沃的农田施肥量要少一些，相反土壤瘠薄的农田施肥量要多一些，但在北方马铃薯农田要避免直接施用羊粪。另外，马铃薯种植还需避免在耗钾量大的作物后连作，合理茬口搭配减少缺钾症的发生，或加大钾肥用量。马铃薯生长期及后期为了防止缺钾症状及早衰，可根据植株生长情况叶面喷施 0.3%～0.5%的硝酸钾或硫酸钾溶液。

第五节　甘　　薯

一、我国甘薯生产概况

甘薯是我国重要的低投入、高产出、耐干旱、耐瘠薄、多用途的粮食、饲料和工业原料作物及新型的生物能源作物，在世界主要粮食作物产量中排名第七位。甘薯一直作为抗饥荒的杂粮作物，在我国国民经济中占有重要的位置，中国是世界上最大的甘薯生产国，2015 年我国甘薯种植面积为 332 万公顷，甘薯总产量 1 429 万吨，单位面积产量约为 287 千克/亩，其种植面积和总产均居世界第一。

甘薯在我国种植的范围很广泛，南起海南、北到黑龙江，东起沿海、西至四川西部山区和云贵高原均有分布，以淮海平原、长江流域和东南沿海各省最多。我国甘薯种植主要集中在四川、山东、重庆、广东、安徽、河南、湖南、福建、湖北等地，其中四川、山东、重庆、广东四省（直辖市）所占比重在 45%以上。根据气候条件和耕作制度的差异，整个中国生产分为 5 个生态区：

1. 北方春薯区　包括辽宁、吉林、河北、陕西北部等地，该区无霜期短，低温来临早，多栽种春薯。

2. 黄淮流域春夏薯区　包括江苏、安徽的北部和河南、山东、山西等地，属季风暖温带气候，栽种春夏薯均较适宜。

3. 长江流域夏薯区　除青海和川西北高原以外的整个长江流域。

4. 南方夏秋薯区　北回归线以北，长江流域以南，除种植夏薯外，部分地区还种植秋薯。

5. 南方秋冬薯区　北回归线以南的沿海陆地和台湾等岛屿属热带湿润气候，夏季高温，日夜温差小，主要种植秋、冬薯。

我国甘薯品种较多，主要用于饲料、鲜食和方便食品、工业加工、种薯等。按照其用途可分为淀粉加工型、食用型、兼用型（既可加工又可食用的）、菜用型、色素加工型、饮料型、饲料加工型。

二、甘薯的营养特性

甘薯是喜钾作物，一般每生产 1 000 千克鲜薯需氮（N）4.9～5.0 千克、磷（P_2O_5）1.3～2.0 千克、钾（K_2O）10.5～11.5 千克，其养分需求比例大致为 1∶0.3∶2.2。不同产量水平的甘薯对氮、磷、钾的吸收量和比例不同，高产型与低产型相比，生产相同的鲜薯块需氮量有减少的趋势，需钾量则增加。甘薯对氮、磷、钾的吸收有明显的阶段性，在生育早期根系不发达，吸收养分少。从分枝结薯期至茎叶生长期吸收速率加快，数量增多；至薯块迅速膨大期，氮、磷吸收量较少而钾的吸收仍保持较高的水平。甘薯钾的吸收量在前期、中期、后期占总量的比例分别为 39.3%、55.4%和 5.3%，成熟期时甘薯的块根和茎叶中钾的含量相差不大，块根中钾占全株总量的 59.7%。

三、甘薯缺钾症状

甘薯缺钾时前期表现为叶变小，节间和叶柄缩短，接近生长点附近的叶片略呈灰白色，表现凸凹不平；老叶叶脉间和叶缘失绿黄化，并向内扩展；严重时，叶缘坏死。藤蔓伸长受抑，薯块着生少，薯形小而不齐，块根不膨大，外观和营养品质降低（图 2-18、图 2-19）。

图 2-18　甘薯缺钾叶片典型症状　　（鲁剑巍　拍摄）

图 2-19　甘薯缺钾田间症状　　　　（鲁剑巍　拍摄）

四、甘薯施钾技术

甘薯的施钾技术不仅要根据甘薯各生育阶段养分需求规律，而且要考虑到气候、土壤、品种、密度、肥料配比等综合因素对甘薯施肥的影响。中国甘薯大田生产普遍采用薯苗栽插的方法，所以在育苗过程中也要合理施肥。苗床所用的床土是用农田肥土与圈肥（骡马粪、牛羊粪等）、作物秸秆、细沙等配合而成。苗床的钾素一般是由床土以及追肥中的有机肥提供。在大田施钾肥时应根据甘薯的需肥特性在氮、磷肥的基础上强调钾肥的施用，尤其是在氮肥用量大及高产栽培中要增施钾肥。钾肥的施用量依据产量指标和土壤肥力状况而定。一般鲜薯产量为 37.5 吨/公顷的地块，每生产 1 吨薯块需 7～8 千克 K_2O/公顷，鲜薯产量为 52.5 吨/公顷的地块，每生产 1 吨薯块约需 10 千克 K_2O/公顷。华北春、夏薯区和南方夏薯区基肥、追肥的分配应以基肥为主，追肥为辅。北方地区甘薯的基肥施用量一般占总施肥量的 80%以上，而南方夏薯区一般基肥施用量则在 70%～80%。南方秋、冬薯区一般在施足基肥的基础上增加追肥的比重和追肥次数，福建、广东等省高产甘薯的基肥只占总肥量的 30%～35%。甘薯基肥中的钾肥一般深层施用，在生长前期和中期一般施入土中，而生长后期由于根部的吸收能力减弱可采用根外追肥。根据甘薯生长情况在傍晚喷施 0.2%的磷酸二氢钾溶液，每隔 7 天喷 1 次，共喷 2～3 次，每次喷施1 125～1 500千克/公顷溶液即可。

第六节　大　　豆

一、我国大豆生产概况

大豆在我国有着几千年的种植历史，是重要的作物种质资源，也是许多人和动物的主要食物。近年来我国大豆种植面积不断消减，2015 年我国大豆种植面积为 651 万公顷，总产量约为 1 179 万吨，单位面积产量为 121 千克/亩。

由于大豆的生长习性对环境的要求不严格，因此在我国凡是农耕地区几乎都有大豆种植，依据不同的栽培特点和耕作制度，可分为若干区域：东北三省、内蒙古、新疆等地以及河北、山西和陕西北部的春大豆产区是我国大豆主产区，其大豆的种植面积占我国大豆总面积的一半以上；黄淮流域和长江流域是夏大豆的两大主产区；秋大豆区包括浙、赣、湘、闽、粤以及台湾省，该区大豆种植方式以单作为主；广东、广西及云南省南部以两作区为主。东北春播大豆和黄淮海夏播大豆是中国大豆种植面积最大、产量最高的两个地区。按照国家大豆品质区划方案，我国大豆产区又可划分为东北和北方高油春大豆区，黄淮海高蛋白高油兼用夏大豆区和南方多作高蛋白大豆区。

二、大豆的营养特性

大豆是需肥较多的作物，每生产 100 千克大豆，需要积累氮（N）、磷（P_2O_5）和钾（K_2O）分别为 6.5、1.5 和 3.2 千克，三者比例大致为 4∶1∶2。

大豆需钾仅次于氮，且吸收钾的能力较强，对钾的吸收主要是在幼苗至开花结荚期，而吸收高峰出现在结荚期，以后逐渐减少。开花前累积吸钾量占 43.3%，开花至鼓粒期占 39.5%，鼓粒至成熟期仅需 17.2%的钾。钾能促进大豆幼苗的生长，使茎秆坚挺不易倒伏。大豆体内的钾在生育前期集中分布在幼嫩组织中，以生长点和叶片最高，花开后钾多集中在荚中。

三、大豆缺钾症状

大豆典型缺钾症状是在老叶尖端和边缘开始产生失绿斑点，而后扩大成块，斑块相连，向叶片中心蔓延，后期仅叶脉周围呈绿色。严重缺钾时在叶面上出现斑点坏死组织，最后干枯成火烧焦状。症状从下位叶向上位叶发展。大豆缺钾植株瘦弱，老叶出现上述黄化症状，脉间凸起，皱缩，叶片前段向下卷曲，叶薄、易脱落，有时叶柄变褐棕色。缺钾大豆根系短，根瘤少，易老化早衰，籽粒常皱缩变形（图 2-20 至图 2-22）。

图 2-20　大豆缺钾叶片典型症状　　（鲁剑巍　拍摄）

图 2-21　苗期大豆严重缺钾症状　　（鲁剑巍　拍摄）

图 2-22　花期大豆缺钾症状　　（鲁剑巍　拍摄）

四、大豆施钾技术

钾对大豆的生长发育及根瘤固氮有相当大的作用，因此合理的施用钾肥极其重要。北方土壤一般都有较强的供钾能力，可酌情施用少量的钾肥，而南方土壤由于缺钾比较普遍，所以需要加大钾肥用量。对大豆的钾肥施用提出以下建议：

（1）合理确定钾肥施用量。按土壤供钾水平及目标产量确定钾肥用量，具体施钾量可以参考表 2-10。

（2）与其他肥料合理配合施用。但当土壤缺氮、磷等营养元素时，如施氮量低或不施氮肥，施钾达不到应有增产效果，甚至会造成减产。

（3）钾肥分次施用并深施。对于质地较轻的土壤，钾肥应分 2～3 次施用，钾肥宜采用沟施或穴施，在固钾能力强和有效钾水平低的土壤上，宜在根系附近条施。

（4）加强田间管理。冬季翻耕晒垡，保持土壤疏松透气，促进土壤中含钾矿物的风化，有利于提高钾的有效性，加强田间管理，防止土壤干旱和渍害，有利于防止大豆缺钾症的发生。

（5）发生缺钾症状时，每亩追施氯化钾 4～6 千克，或用 0.1%～0.2%的磷酸二氢钾溶液进行叶面喷肥，每隔 7 天左右喷施 1 次。

表 2-10　东北地区钾肥推荐用量（千克 K_2O/亩）

土壤速效钾（毫克/千克）	产量水平（千克/亩）		
	150	200	250
<70	3.5	4.0	5.0
70～100	3.0	3.5	4.0
100～150	2.0	3.0	3.5
150～200	1.5	2.0	3.0
>200	0	1.5	2.5

第三章

经济作物缺钾症状与施钾技术

第一节 棉　　花

一、我国棉花生产概况

棉花是一种生活必需品。棉籽可以榨油食用和用作工业用油，籽仁和籽壳可以提取多种化学原料，皮棉不仅是我国棉纺织工业的基础，同时也支撑着许多制造工业的发展，从而成为整个国民经济的基础。

20 世纪 80 年代以来，我国已成为头号棉花生产大国，世界上棉花生产超过百万吨的其他 4 个国家依次为美国、印度、巴基斯坦和乌兹别克斯坦。我国也是目前棉花单产最高的国家，其次是美国、乌兹别克斯坦等国家。

我国种植棉花历史悠久，棉花种植区域广阔，从南至北，由东到西依次划分为华南棉区、长江流域棉区、黄河流域棉区、北部特早熟棉区以及西北内陆棉区。20 世纪 80 年代以来，长江流域，西北内陆和黄河流域棉区的棉花种植面积曾大幅增加，已成为我国主要的三大棉区。近年来，我国棉花种植面积和产量略有下降，但单位面积产量略有升高，不同棉区栽培模式和种植制度由于所处地理位置不同，相互有所差异。2011 年棉花播种面积 504 万公顷，总产 660 万吨，单产 87 千克/亩；2015 年棉花播种面积 380 万公顷，总产 560 万吨，单产为 98 千克/亩。

二、棉花的营养特性

不同地区、不同产量水平的棉花每生产 100 千克皮棉所需氮、磷、钾的数量和比例均有所不同。一般来讲，每生产 100 千克皮棉，需要从土壤中吸取氮（N）12～15 千克、磷（P_2O_5）5～6 千克、钾（K_2O）12～15 千克，结果说明棉花需要的养分量较多。据研究，棉花苗期吸收养分较少，占一生养分吸收量的 1%左右，到现蕾吸收养分占 3%左右，现蕾到开花期占 30%左右，开花到成铃后期吸收养分占 60%左右，进入吐絮期后，吸收养分占总吸收量的 6%左右。以上结果表明，植株吸收积累养分最多的时期是在开花期至吐絮期，这个时期棉株茎、枝和叶都长到最大，同时大量开花结铃，植株累积的干物质最多，对养分的吸收急剧增加，这个时期能否满足棉花的氮、磷、钾的供应，直接关系到伏桃满腰、秋桃盖顶、增结大铃的目标，因此花铃期是施肥的关键时期。

三、棉花缺钾症状

缺钾时，叶片叶肉失绿，进而转化为淡黄色或黄白色，与绿色叶脉形成掌状斑，与黄萎病相似，叶脉仍保持绿色。症状首先表现在下部老叶上，自下而上发展。以后，在叶脉间出现棕色斑点，斑点中心部位死亡。严重时叶片皱缩、发脆、叶尖和边缘似烧焦状，向下卷曲，最后整个叶片变成棕红色；叶片脱落，叶柄坏死；茎秆矮小细弱，分枝干枯；棉桃瘦小，吐絮不畅，延迟成熟，产量低，品质差，易感病，湖北称之为“凋枯病”（图 3-1 至图 3-4）。

图 3-1　棉花正常叶片与缺钾叶片(右)比较　（鲁剑巍　拍摄）

图 3-2　蕾期棉花典型缺钾症状　（鲁剑巍　拍摄）

图 3-3　花期棉花典型缺钾植株　　　　（鲁剑巍　拍摄）

图 3-4　桃期棉花严重缺钾叶片症状　　　　（鲁剑巍　拍摄）

四、棉花施钾技术

确定适宜的施肥量，并合理施肥能促使棉花高产群体的建成，实现棉花代谢功能旺盛期、肥效释放高峰期、本地光温资源富照区三同步，从而达到高产优质。对于棉花钾肥的合理施用提出以下几点建议：

（1）合理确定钾肥施用量。按土壤供钾能力确定钾肥用量，具体施钾量可以参照表3-1。

（2）与其他肥料合理配合施用。但当土壤缺氮、磷等营养元素时，如施氮量低或不施氮肥，施钾反而会造成减产。提倡与有机肥相结合，如北方棉区棉田基肥可施堆厩肥或土杂肥30～45吨/公顷，高产棉田施肥量还可增加，南方棉区可施厩杂肥7.5～15吨/公顷，或绿肥11.25～22.5吨/公顷，可减少钾肥的用量同时提供其他营养元素。

（3）钾肥分次施、深施。对于质地较轻的土壤，钾肥应分2～3次施用，总用量的一部分作基肥施用，另一部分分1～2次作早期追肥施用。钾肥的施用宜采用沟施或穴施的方式，在固钾能力强和有效钾水平低的土壤上，宜在根系附近条施。

（4）加强田间管理。冬季翻耕晒垡，保持土壤疏松透气，促进土壤中含钾矿物的风化，有利于提高钾的有效性，加强田间管理，防止土壤干旱和渍害，有利于提高钾肥的利用效率，防止棉花缺钾症的发生。

（5）后期发生缺钾症状时，每隔7天左右用1%的氯化钾溶液50～60千克/亩叶面喷施1次，连喷2～3次（表3-1）。

表3-1 棉花钾肥推荐用量

新疆棉花		长江流域棉花	
土壤速效钾（毫克/千克）	钾肥用量（千克 K_2O/亩）	土壤速效钾（毫克/千克）	钾肥用量（千克 K_2O/亩）
<90	10	<50	18
90～180	6	50～90	14
180～250	4	90～120	10
250～350	2	120～150	7
>350	0	>150	2

第二节 苎 麻

一、我国苎麻生产概况

苎麻也称白叶苎麻，是多年生宿根性草本植物，是重要的纺织纤维作物。苎麻是我国的特产作物，其种植面积和产量均占世界总量的90%以上，位居世界第一位。苎麻南起海南岛，北至秦岭山麓和淮河流域的广大地区都有栽培，主要分布在长江流域，以湖南、湖北、四川、重庆、江西等省（直辖市）种植面积较大。我国苎麻的种植面积及产量长期以来受国际市场出口贸易额的起伏呈现上下波动状态。在1987年苎麻出口形势好的时候，我国苎麻生产达到高峰，种植面积发展到50万公顷以上，产量55万吨。而在2015年，种植面积仅为5.6万公顷，总产量10.8万吨，单位面积产量为130千克/亩。

苎麻具有多方面的价值，如医药作用、膳食营养、纺织及生态作用等。苎麻根含有“苎麻酸”的药用成分，有补阴、安胎及治疗疮等功效。苎麻叶为止血剂，能治创伤出血。另外苎麻叶是蛋白质含量较高、营养丰富的饲料。麻骨可作造纸原料，或用于制造家具和板壁的纤维板。麻骨还可酿酒、制糖。麻壳可脱胶提取纤维，供纺织、造纸或修船填料之用。鲜麻皮上刮下的麻壳，可提取糠醛，而糠醛是化学工业的精炼溶液剂，又是树脂塑料的材料。苎麻种子可榨油，供制肥皂和食用。由于苎麻根系发达、固土力强、苎麻覆盖率高、覆盖时间长，其治理水土流失的效果显著。

二、苎麻的营养特性

苎麻茎叶繁茂，根系发达，生物产量很高，在不同地区收获次数和每季生长周期都不相同。在我国长江流域主产麻区，年收获三季，头麻生长周期约90天左右，二麻生长周期50多天，三麻生长周期80天左右。因此，三个生长季各生育阶段对钾素的吸收积累也不相同。头麻因气温低，雨水多，生育期长，产量最高，因此对养分要求最高，每生产100千克纤维吸收氮（N）18.6千克、磷（P_2O_5）6.2千克、钾（K_2O）23.2千克，N∶P_2O_5∶K_2O为1∶0.33∶1.25。二麻生长期气温最高，生长期最短，产量相对最低，因此对养分要求最少，但每生产100千克纤维需要吸收氮（N）21.30千克、磷（P_2O_5）2.50千克、钾（K_2O）13.10千克，N∶P_2O_5∶K_2O为1∶0.12∶1.08。三麻气温较高，生长期较短，产量比头麻低，对养分要求总量也比头麻少，每生产100千克纤维吸收氮（N）18.0千克、磷（P_2O_5）3.10千克、钾（K_2O）21.0千克，N∶P_2O_5∶K_2O为1∶0.17∶1.17。

苎麻各生育阶段养分吸收利用情况因各阶段所处气候条件及生理变化的不同而有所不同。三季麻植株养分含量均以前期较高，然后逐步下降。而养分吸收量占总吸收量的比重为前期较低、中后期较高。氮、磷吸收高峰一般出现在封行期至黑秆期，分别占总吸收量的27%～42%和27%～40%；钾吸收高峰一般出现在黑秆期至纤维成熟期，占总吸收量的21%～48%。不同季别的苎麻各营养阶段养分吸收强度也不相同，头麻氮素吸收强度最大时期出现在封行至黑秆期，磷、钾吸收强度最大时期出现在黑秆至纤维成熟期；二、三麻三要素养分吸收强度最大时期均出现在齐苗至封行期，较头麻均早出现一个时期。

氮、磷、钾在苎麻不同器官中的分配也不尽相同，氮、磷主要分布在叶中，其次是麻骨，麻皮中最少，钾在叶、皮、骨中分布与氮、磷相比较为平衡，接近相等比例，但仍以叶中钾所占比例略大。收获时花籽中氮、磷、钾含量分别占植株总量的12.8%、23.2%和9.6%。

三、苎麻缺钾症状

苎麻缺钾时分株少，生长缓慢，茎秆瘦弱，植株矮小，且高矮不齐，脚麻增多。随着生育进程的推进，节间缩短，叶片变小，叶片前期呈灰绿色且不平展，随后叶缘褪绿变黄并逐渐转为褐色，叶缘卷曲坏死。缺钾的苎麻抗逆性差，易倒伏，发病率高（图3-5、图3-6）。

图 3-5　苎麻缺钾症状　　（鲁剑巍　拍摄）

图 3-6　苎麻严重缺钾症状　　（鲁剑巍　拍摄）

四、苎麻施钾技术

为了提高钾肥效益，必须根据土壤供钾状况、生产水平、有机肥用量等科学施用钾肥。对于苎麻钾肥的合理施用提出以下几点建议：

（1）合理确定钾肥施用量。麻园施用钾肥要根据土壤供钾能力及苎麻产量水平来确定钾肥用量。一般每亩每季苎麻施 K_2O 3～10 千克，土壤供钾水平低的多施，供钾水平高的少施；新植苎麻地多施，老麻地可少施；头麻和三麻施肥水平高于二麻，头麻适当提高施磷比例。二、三麻增大施氮和施钾的比例。

（2）与其他肥料合理配合施用。当土壤缺氮或磷等其他营养时，如施氮量低或不施氮肥，施钾反而会造成减产。提倡与有机肥相结合，在减少钾肥用量的同时提供其他营养元素。

（3）掌握钾肥施用期。苎麻施用钾肥应兼顾苗期和最大需钾期对钾素的要求。头麻靠冬肥打基础，旺长肥应重追，冬肥以施有机钾肥为主，旺长肥以施化学钾肥或草木灰为主；二麻和三麻生育期短，生长速度快，前茬麻收获后，马上施钾肥，并要求收麻、砍秆、中耕和施肥同时进行。

（4）注重施用方法。新麻穴施，壮龄麻穴施或条施，老龄麻撒施。另外还可用1%的氯化钾溶液进行根外追肥。

第三节　油　　菜

一、我国油菜生产概况

20 世纪 50～60 年代，我国油菜年均种植面积为 2 500 万～2 900 万亩，平均单产不到 40 千克/亩，年均总产不超过 100 万吨；80～90 年代我国油菜生产得到快速发展，年种植面积及单产翻了一番；进入 21 世纪以来，我国油菜年均种植面积超过 1 亿亩，占全国油料作物总面积的 50%左右，年产菜籽已超过 1 000 万吨，近年油菜单产超过 120 千克/亩左右。2015 年我国油菜种植面积将近 1.13 亿亩，总产达到 1493 万吨，单位面积产量为 132 千克/亩。与解放初期相比，21 世纪的我国油菜年均种植面积、单产增加了 3 倍多，总产增加了 10 倍以上。

目前，我国油菜面积、总产均约占世界 1/4，是国际上最大的油菜生产国。油菜在我国的种植范围非常广，根据生态条件和油菜种植特点，我国油菜划分为两个主产区，分别为冬油菜区和春油菜区，两个分区的分界线是六盘山和太岳山。六盘山以西和延河以北、太岳山以西为春油菜主产区；六盘山以东和延河以南、太岳山以东为冬油菜主产区。根据目前油菜生产状况我国油菜产区主要有北方春油菜区、黄淮流域和长江流域冬油菜区。其中春油菜的主产区为西北地区，种植面积约占全国总面积的 10%，而长江流域冬油菜主产区是我国乃至世界上最大的油菜生产区域，其种植面积占全国的 80%以上，是世界上甘蓝型油菜三大产区之一。在油菜籽品质上，尽管青海、甘肃等春油菜产区含油量相对较高，达 45.8%，但其产量只占全国总产的 10%～15%，我国菜籽平均含油量还处于较低水平，为 37.7%，比加拿大低 2～5 个百分点。可见，我国油菜籽总产量虽位居世界第一，但单产和油菜籽品质远低于国外先进水平。为进一步巩固我国油菜产业在国际上的地位，高产优质油菜品种选育及包括养分管理在内的许多栽培技术的完善已成为油菜研究与生产中必须攻克的难关。

二、油菜的营养特性

油菜各生长发育时期吸收氮、磷、钾三要素的比例受品种、施肥方法技术及环境条件影响较大。各地资料统计表明，甘蓝型油菜目标产量在100～150千克/亩时，每生产100千克油菜籽需吸收氮（N）9.0～12.0千克、磷（P_2O_5）3.0～3.9千克、钾（K_2O）8.5～12.3千克，钾吸收量与氮相当。每生产100千克油菜籽平均吸收N、P_2O_5、K_2O比例约为1∶0.3∶1。油菜需钾量较大，是禾谷类作物的3倍。不同生育期对钾素的吸收利用差异较大，薹期是油菜吸收钾的高峰期，吸收的钾素约占整个生育期的一半。据中国农业科学院油菜作物研究所报告，产量达2 250千克/公顷水平时，抽薹期油菜植株体内含钾量可达2.5%～2.7%，抽薹后迅速下降，至成熟期只有1.2%～1.3%。油菜植株中钾大部分积累在茎叶中，占全株总量的74.2%～81.2%，籽粒中很少（图3-7）。

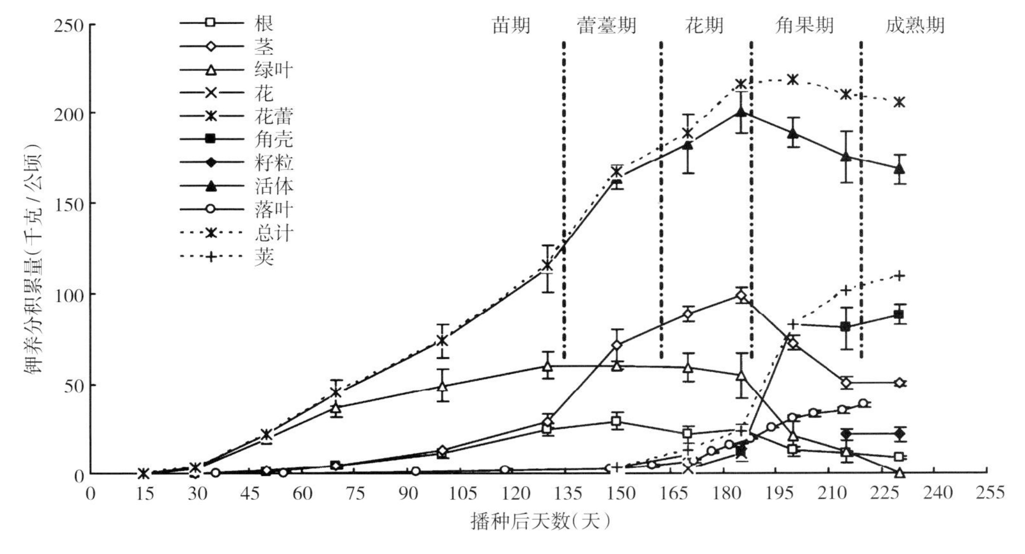

图3-7　油菜钾素积累动态

三、油菜缺钾症状

油菜缺钾时，幼苗呈匍匐状，叶片呈暗绿色，下部叶片边缘退绿，叶肉部分出现烫伤状，严重时边缘和叶尖出现焦边和淡褐色至暗褐色枯斑，叶面凹凸不平。抽薹后症状更明显，叶缘及叶脉间失绿发黄扩展迅速，并有褐色斑块或白色干枯组织，严重时叶缘枯焦，有时叶卷曲，似烧灼状，凋萎。缺钾油菜植株瘦小，主茎生长缓慢，茎秆变脆，遇风雨易折断。荚果稀少，角果发育不良，多短荚。缺钾的油菜抗病性、抗寒性和抗倒性差。缺钾导致油菜籽产量和含油量下降（图3-8至图3-11）。

图 3-8　油菜植株典型的缺钾症状　　（鲁剑巍　拍摄）

图 3-9　越冬期油菜严重缺钾症状　　（鲁剑巍　拍摄）

图 3-10　开花期油菜典型的缺钾症状　　　　（鲁剑巍　拍摄）

图 3-11　角果期油菜缺钾（右）症状　　　　（鲁剑巍　拍摄）

四、油菜施钾技术

油菜的合理施肥需要以油菜营养生理的基本特点为依据，保证土壤具有油菜生长发育最适宜的营养状况，对于油菜钾肥的施用技术提出以下建议：

（1）合理确定钾肥施用量。按油菜目标产量和土壤速效钾含量水平确定钾肥用量，具体施钾量可以参照表 3-2。

（2）与其他肥料合理配合施用。当土壤缺氮、磷等营养元素时，如施氮量低或不施氮肥，施钾反而会造成减产，因此需保持适宜的氮钾比。

（3）钾肥分次施用。一般将钾肥分作 2 次施用，基肥与追肥的比例以 6∶4 为宜。在多雨地区和土壤较砂的田块尤其重要。

（4）加强田间管理。翻耕和保持土壤疏松透气，有利于提高钾的有效性，加强田间管理，防止土壤干旱和渍害，有利于防止油菜缺钾症的发生。

（5）适时追施。发现油菜出现缺钾症状时，可每亩追施氯化钾或硫酸钾 8～10 千克，生长后期可用磷酸二氢钾或硫酸钾溶液进行叶面喷施。

表 3-2 不同目标产量的油菜籽钾肥推荐用量（千克 K_2O/亩）

土壤速效钾（毫克/千克）	产量水平（千克/亩）		
	＜100	150	200
＜60	6.0	8.0	12.0
60～135	4.0	6.0	9.0
135～180	3.0	4.0	5.0
＞180	1.0	2.0	3.0

第四节 花　　生

一、我国花生生产概况

花生是我国重要的油料作物、经济作物和食用作物。在我国，约有 50%的花生用于榨油，花生油是人们日常的主要食用油源。花生又是一种商品率很高的经济作物，其总产量及产值均位居全国油料作物之首。2015 年我国花生种植面积为 462 万公顷，总产量为 1644 万吨，单位面积产量为 238 千克/亩。与其他作物相比，种植花生投资小，用工省，效益高，而且抗旱耐瘠、适应性强。除此之外，花生富含脂肪和蛋白质等营养成分，是营养价值很高的蛋白植物。我国花生的分布非常广泛，南起海南岛，北到黑龙江，东自台湾，西达新疆，都有花生种植，主要分布于辽宁、山东、河北、河南、江苏、福建、广东、广西、贵州、四川等地区，其中河南省种植面积最大，占全国总种植面积的 33%，种植面积第二的为山东省。根据我国各地的地理条件、气候因素、耕作栽培制度及品种类型分布特点，我国花生产地可划分为 7 个自然区域：北方大花生区、南方春秋两熟花生区、长江流域春夏花生交作区、云贵高原花生区、东北早熟花生区、黄土高原花生区、西北内陆花生区，其中以北方大花生区面积最大，花生分布最集中。花生还在农业种植业结构中发挥着自身的优势作用，起到固氮、肥田、养地的作用，是良好的前茬作物。花生也是重要的工业原料，可作为畜牧业和水产养殖的优势饲料。

花生是我国传统的出口农产品，随着出口数量和创汇额的增长，目前已占国际花生市场约一半的份额。总之，花生在保障我国食油需求、增加农业效益、提高农民收入、发展生态农业中具有重要的现实意义。

二、花生的营养特性

花生出苗前所需的营养物质主要由种子本身供给，幼苗期由根系吸收一定量的氮、磷、钾等营养物质满足各个器官的需要。在花生所需的所有营养元素中，以氮、磷、钾、钙4种元素需要量较大，这些养分除部分氮素是由自身根瘤菌固氮供给外，其他部分的氮和全部的磷、钾、钙等营养元素都来自土壤和肥料。

一般产量水平下，每生产100千克荚果需要氮（N）4.8千克、磷（P_2O_5）0.9千克、钾（K_2O）3.0千克；而高产水平下，每生产100千克荚果需要氮（N）5.4千克、磷（P_2O_5）1.1千克、钾（K_2O）3.2千克。花生不同生育阶段钾累积吸收量随生育阶段的进展和干物质量的增加而增大，至饱果成熟期达最高峰。钾的累积吸收量在苗期极少，开花下针期则迅速增大，达到钾吸收总量的57.2%～87.0%（早、中熟品种占钾吸收总量的70%以上，晚熟品种占50%左右），至结荚期高达94%以上，接近饱果成熟期的最高峰。钾在花生植株中的分配以茎蔓中最多，约占全株总钾量的33.3%～39.8%，叶部占12.3%～30.1%。在成熟期，茎叶中的钾占总钾量的80%左右，花生仁中的钾约占12%，果壳约占6%。

三、花生缺钾症状

花生缺钾时，最初表现为叶色稍变暗，接着叶尖出现黄斑，叶片有少量黑色斑点。症状一般从老叶开始，叶缘干枯或呈焦枯状，严重缺钾时叶色变褐，呈灼烧状，并向中上部叶片发展。缺钾花生植株矮小，生长发育迟缓。缺钾的花生抗病、抗寒、抗旱性降低。缺钾导致花生产量和品质下降（图3-12至图3-14）。

图3-12　花生缺钾叶片症状　　（王筝　拍摄）

图 3-13　花生严重缺钾症状　（鲁剑巍　拍摄）

图 3-14　花后期花生严重缺钾症状　（鲁剑巍　拍摄）

四、花生施钾技术

花生施肥要根据其需肥特点进行，应以有机肥和无机肥配合为原则，花生追肥主要根据土壤地力及田间的长势确定，具体提出以下几点建议：

（1）合理确定钾肥施用量。按土壤供钾能力和目标产量水平确定钾肥用量。对于春花生当土壤速效钾含量＜70毫克/千克时，钾肥用量5～6千克/亩；当土壤速效钾在70～120毫克/千克时，钾肥用量4～5千克/亩；当土壤速效钾含量＞120毫克/千克时，钾肥用量0～4千克/亩。

（2）与其他肥料合理配合施用。提倡有机无机相结合，有机肥在提供养分的同时改善土壤结构，增强土壤蓄水保肥能力和通透性能。另外合理控制氮钾比例以防发生生理性缺钾。

（3）钾肥分次施用、深施。对于质地较轻的土壤，钾肥应分2～3次施用。在固钾能力强和有效钾水平低的土壤上，宜在根系附近条施。

（4）加强田间管理。冬季翻耕晒垡，保持土壤疏松透气，促进土壤中含钾矿物的风化，有利于提高钾的有效性；加强田间管理，防止土壤干旱和渍害，有利于防止花生缺钾症的发生。

（5）适时追施。出现缺钾症状时及时亩施氯化钾5～10千克，或叶面喷施浓度为0.3％的磷酸二氢钾溶液。

第五节　芝　　麻

一、我国芝麻生产概况

芝麻是我国四大油料作物之一。芝麻不仅含油率高，而且具有极高的营养价值，是我国食品制作不可或缺的材料。我国芝麻生产在1997—2002年有较快增长，2002年我国芝麻种植面积达到76万公顷，单产为79千克/亩，总产达到90万吨，之后虽然单产有所提高，但是由于其种植面积在逐步减少，导致其总产大幅下降，至2015年我国芝麻种植面积仅有42万公顷，总产为64万吨，单产为101千克/亩。但是随着人们生活水平的提高，健康意识的增强，对芝麻及其制品消费量呈增长趋势。由于供需缺口不断扩大，芝麻进口量逐年增加，年均增长率超过10％，2011年进口量已高达38.9万吨。

芝麻在我国种植范围相当广泛，河南、安徽和湖北是我国芝麻的主要种植基地，占我国芝麻产量的3/4左右，尤其以豫中的南阳、驻马店、周口及鄂西北的襄樊、枣阳和皖中的阜阳等地栽培面积较大，为我国芝麻种植的核心地带。芝麻营养丰富，含油量约50％，其中油酸和亚油酸占85％，蛋白质含量约25％。芝麻种子有白、黄、棕红或黑色，以白色的种子含油量较高，黑色的种子入药，味甘性平，有补肝益肾、润燥通便之功。芝麻由种皮、胚和胚乳组成，是一种综合利用价值很高的经济作物，多元化利用途径广泛，加工产品繁多。根据芝麻自身特点及利用途径，其功能可划分为油用、食品用（包括各种风味食品、食用蛋白、调味品等）、工业用、药用、饲料用等五大功能。

二、芝麻的营养特性

尽管与其他作物相比芝麻生育期较短，但在其生长过程中需肥较多。每生产100千克芝麻需要氮（N）8～9千克、磷（P_2O_5）2.5～3.5千克、钾（K_2O）6.5～7.0千克，N∶P_2O_5∶K_2O大致为1∶0.4∶0.8。芝麻从苗期到现蕾养分的吸收量较少，氮、磷、钾的吸收量均只占全生育期的10%左右。从现蕾到盛花期，养分吸收量增多，尤其是从初花到盛花期，养分的吸收量达到高峰，钾素吸收量占全生育期的近50%。在盛花期到成熟期钾素的吸收量占全生育期的20%～25%。在整个生育期芝麻植株体内钾含量均处于较高水平，随着生育阶段的推移，钾在营养器官中的含量逐渐降低，而在生殖器官中则相反。芝麻不同生育期各器官钾素含量略有不同。在芝麻一生中茎秆的含钾量始终高于叶片，生殖器官（如花、蒴）中含钾量也比叶中高，在芝麻成熟时，各器官含钾量高低顺序为：蒴>茎>叶>籽粒，其中籽粒中含钾量为0.65%。

图3-15　芝麻缺钾症状（鲁剑巍　拍摄）

三、芝麻缺钾症状

芝麻缺钾时基部叶片边缘卷曲，叶脉间失绿，逐步变为亮橙黄色，直至古铜色，一般不落叶，植株矮化（图 3-15）。

四、芝麻施钾技术

芝麻生长周期短，是需肥量较多的作物。芝麻施肥技术总的原则是重施基肥、早施苗肥、花前重施，花期补施。钾肥一般作基肥施用效果较好，具体提出以下建议：

（1）合理确定钾肥施用量。根据芝麻目标产量及土壤供钾能力确定钾肥用量，在目前芝麻产量 120～150 千克/亩条件下，江淮芝麻产区一般砂浆黑土区施用钾肥（K_2O）1.5～3.0 千克/亩，潮土和黄褐土区施用钾肥（K_2O）3.0～4.0 千克/亩。对湖北省的芝麻钾肥（K_2O）适宜用量为 3 千克/亩左右。对于地膜覆盖的亩产达到 150～200 千克以上的芝麻，则施肥量应该相应的增加。

（2）与其他肥料合理配合施用。在生产中，氮、磷、钾是互相起作用的，在施用氮、磷肥基础上施用钾肥其增产效果更好。芝麻的生长发育除需要一定量的氮、磷、钾外，每生产 100 千克芝麻还大约需要吸收钙（CaO）7.5 千克、镁（MgO）3.8 千克、锌（Zn）6.5 克、锰（Mn）0.7 克等。因此，芝麻在施用钾肥的同时应注意配施其他大量元素及中、微量元素肥料。

（3）钾肥宜浅施。根据芝麻根系分布特点，钾肥宜浅施，以利于当季发挥更大的效果。

（4）适当追施。钾肥除主要用作基肥外，还可在苗期及初花期少量追施化学钾肥或草木灰。追施方法常采用沟施或穴施，施于行间或在距芝麻 15～20 厘米远的地方挖穴施入，随后中耕覆土，如果天旱，追肥后适当浇水。另外还可用 0.2%磷酸二氢钾溶液 50～75 千克叶面喷施，隔 5～7 天喷一次，连喷 2 次。

第六节　向 日 葵

一、我国向日葵生产概况

向日葵属菊科向日葵属一年生草本植物，因其外形似太阳、喜光照而又名太阳花，因其独特的生物特性，具有对环境适应性强，耐盐碱、耐瘠薄、抗干旱等特性，因此成为我国华北、西北、东北半干旱、干旱地区种植的主要油料作物。向日葵不仅是上述地区居民食用植物油的主要来源，也是这些地区轻度盐碱地改良的首选作物。向日葵种子含油量高，味香可口，可炒食，亦可榨油，为我国重要的油料作物。我国是向日葵种植大国，其种植面积和总产居世界第四。2015 年我国向日葵种植面积为 104 万公顷，总产为 270 万吨，单位面积产量为 174 千克/亩。

我国向日葵生产主要集中在东北地区的辽宁、吉林、黑龙江，华北地区的内蒙古、山西、河北，西北地区的陕西、新疆、甘肃、宁夏，其中种植面积最大的为内蒙古，其次为新疆。向日葵品种主要可分为进口和国产的三系杂交种、普通杂交种、常规种，根据其用途主要分为两类即油用型和食用型。我国油用向日葵品种较为丰富，主要有美 G101、澳 S31、法 F4 和 F5 等杂交品种，还有我国繁育的晋葵、天葵等。食用向日葵品种有三道眉、星火一号、DK119、DK188、美葵、以葵等，其中以农家品种三道眉为主。向日葵浑身是宝，具有较高药用价值、食用价值和经济价值。向日葵全身是药，其种子、花盘、茎叶、茎髓、根、花等均可入药。种子油可作软膏的基础药，茎髓为利尿消炎剂，叶与花瓣可作苦味健胃剂，果盘（花托）有降血压作用。向日葵籽仁含有蛋白质 21%～30%，籽实腌煮、烘烤制成葵花籽，是人们喜食的大众化零食佳品。

二、向日葵的营养特性

向日葵植株高大，茎粗叶茂，需肥量较多，是一种喜肥作物。据研究，向日葵每生产 100 千克籽实约需吸收氮（N）3.3～6.1 千克、磷（P_2O_5）1.5～2.5 千克、钾（K_2O）6.3～13.9 千克。

向日葵不同的生长发育阶段，对营养种类和数量的需要也不同，因而在各部位的矿物质含量也不同。

据资料介绍，向日葵从出苗到成熟，生育期一般 120 天左右。从出苗到现蕾 55 天中，需要氮素占全生育期吸收氮素的 35%，而现蕾到开花仅 17 天，吸收氮素就占 32%，开花到成熟 45 天，吸收氮素占 33%，可见从现蕾到开花是向日葵旺盛生长时期，也是集中需氮时期。在向日葵全部营养过程中，氮素主要集中在叶里，仅在成熟时期集中在籽实中。

磷在向日葵茎叶中的相对含量随着植株的生长而降低。磷在开花前主要积累在叶子里，在开花期集中在花盘里，成熟期集中在籽实里。向日葵整个生育期都吸收磷素营养，特别是后期需要量较多。从出苗到现蕾向日葵吸收磷素占全生育期的 21%，现蕾到开花占 33%，开花到成熟占 46%。

钾在现蕾期主要集中在茎里，花期集中在叶里，成熟期集中在花盘里。成熟期各部位钾素含量高低顺序为：花盘>茎>叶>籽粒。向日葵从出苗到现蕾，吸收的钾占全生育期吸收量的 40%，现蕾到开花占 26%，开花到成熟占 34%。向日葵是需钾较多的作物，向日葵对钾的积累量及吸收速率最大值均在终花期，因此终花期是施肥的关键时期。

向日葵从现蕾到开花，特别是花盘形成至开花是其养分吸收的关键期。出苗至花盘形成期需磷素较多，花盘形成至开花末期需氮较多，花盘形成至蜡熟期吸收钾较多。

三、向日葵缺钾症状

缺钾向日葵植株生长缓慢矮小，叶片变黄，叶上出现褐色的斑点，斑点最后干枯成薄片破碎脱落。缺钾症状首先表现在向日葵下部叶片上，叶缘黄化，严重时焦枯、叶片干枯脱落；结实率低，产量和品质下降，茎秆细弱，易折、易倒伏（图 3-16、图 3-17）。

图 3-16　向日葵缺钾叶片症状　　（鲁剑巍　拍摄）

图 3-17　向日葵严重缺钾症状　　（鲁剑巍　拍摄）

四、向日葵施钾技术

向日葵的施肥需根据向日葵目标产量、营养吸收特点、土壤性质、温度变化、降雨情况等有关因素来确定适宜的施肥量、施肥时期和施肥方法，并结合其他栽培措施，以充分发挥施肥的增产作用。根据各地高产典型经验和科学研究结果，要想获得高产，必须采用“基肥、种肥、追肥三肥下地，有机肥和化肥相结合”的施肥原则。根据黑龙江、吉林等地的研究，在当前生产条件下，向日葵推荐施钾（K_2O）量为4.0～7.6千克/亩，如果在基肥施用了较大量的有机肥，则化学钾肥用量可以相应的减少，提倡基肥以有机肥为主，施用腐熟的有机肥1.5～2吨/亩，可撒施或条施。钾肥多作基肥或种肥施入，根据不同生育时期向日葵的生长状况可适当追施钾肥。

基肥施用有条施、撒施、穴施3种方法。基肥集中条施，肥料靠近向日葵根系。条施方法是施肥前将肥料弄细，肥料随耕地施入犁沟内。撒施的方法是在耕地前将肥料均匀撒在地面，然后耕翻入土内。穴施一般是在肥料较少的情况下集中施肥。种肥施用方法，应按肥料性质和栽培措施合理施用。种肥如果是腐熟良好的有机肥料，对种子出芽和幼根没有什么影响，可以直接接触种子或盖在种子上。如果是化学钾肥，可穴施或条施于播种沟内，增加用量时必须和种子有适当距离，否则将产生不良后果，影响出苗。追肥方法可采用条施、穴施，主要是穴施。穴施时在距向日葵基部6～10厘米处开穴，然后施入肥料，随即覆土。

第七节　甘　　蔗

一、我国甘蔗生产概况

甘蔗是多年生宿根热带和亚热带草本植物，根系发达，茎秆直立，粗壮多汁，表面常披白粉。叶为互生，边缘具小锐齿状，花穗为复总状花序。甘蔗生物产量高，收益大，它的收获可多达7～8次，在我国一般为3次，即3年后挖去宿根，重新种植。我国是世界甘蔗生产大国，2015年的播种面积为160万公顷，仅次于巴西和印度，排名世界第三位，占我国糖料播种面积的92%以上，总产为1.17亿吨，单产达到4.9吨/亩。甘蔗是制糖的主要原料之一，其产糖量占食糖总量的90%以上。

我国甘蔗分布范围很广，南从海南岛，北至北纬33°的陕西汉中地区，地跨纬度15°；东至台湾东部，西直到西藏东南部的雅鲁藏布江，跨越经度达30°。我国的主产蔗区，主要分布在北纬24°以南的热带、亚热带地区，包括广西、云南、广东、海南、福建、台湾、四川、江西、贵州、湖南、湖北、浙江等南方12个省（自治区）。20世纪80年代中期以来，由于东南沿海地区产业结构升级和农业结构调整，我国甘蔗生产布局逐渐由东部地区向西部地区转移。根据自然气候条件及区域发展要求，我国蔗区一般分为西南蔗区、华南蔗区、华中蔗区。其中，西南蔗区包括四川西部高原南部、云南的大部分地区和贵州西部及西南隅；华南蔗区包括广西、广东、海南的北纬24°以南地区，福建东南沿海地区；华中蔗区在24°～33.5°纬度之间，包括浙江、湖南及湖北等部分地区。甘蔗种植集中在广西、云南、广东和海南4个省（自治区），种植面积占全国比例超过90%。其

图 3-20　甘蔗缺钾症状　　（鲁剑巍　拍摄）

四、甘蔗施钾技术

根据甘蔗营养需求和特点，高产栽培施肥要根据“营养与生长需求结合、有机肥与无机肥结合、大量元素与其他营养元素相结合”的原则进行。具体提出以下建议：

（1）重视有机肥施用。一般来说土壤有机质多肥力就高。因此，在甘蔗栽培中，要创造条件广辟有机肥源，堆厩肥、沤熟的滤泥等都是良好的有机肥，有机肥宜作底肥，一般施用 1 500 千克/亩，均匀施于种苗两侧或种苗上，然后将化肥施在堆厩肥上盖土。有条件的蔗区在蔗田中应积极间作绿肥、豆科作物等，在甘蔗追肥培土时与化肥一起配合压青。

（2）确定适宜的肥料用量。要根据甘蔗的养分吸收特性和土壤肥力水平，确定适宜的肥料用量，不偏施和过量施用钾肥。根据广东省的研究，在目前生产条件下，高产甘蔗（蔗茎 10 吨/亩）钾肥用量为 30 千克 K_2O/亩。

表 3-3 是广西壮族自治区对中等肥力水平的甘蔗地不同目标产量时的肥料推荐用量，可供南方以榨糖为目的的甘蔗种植参考。

表 3-3　中等肥力的甘蔗地施肥推荐量

条　件	原料蔗目标产量（吨/亩）	推荐用量（千克 K_2O/亩）
不施有机肥	5～6	16～18
	6～7	18～20
	7～8	30～35
	8～10	35～40
施有机肥 1.0～1.5 吨/亩	5～7	12～18
	7～10	18～26

（3）科学确定施用时期。甘蔗不同生育阶段对养分的吸收数量和比例有所不同。萌芽期所需养分主要依靠种苗本身贮藏的养分提供，幼苗阶段，随着新根和叶的不断发生，开始向土壤吸收少量养分。分蘖期，甘蔗不断增生分蘖，养分吸收量逐渐增加。进入伸长期，随着梢头部、叶、根系大量增生和不断更新，以及蔗茎的迅速生长，对氮、磷、钾的吸收量明显增加，吸收量达最大，占总量的60%左右，伸长期的始期是甘蔗营养的最大效率期，也是施肥的关键时期。到成熟期，甘蔗的生长渐趋缓慢直至停止，需肥量减少，但仍需一定水分和养分，以供植株各部分代谢的需要及蔗糖的进一步积累。根据甘蔗各生育期特点，科学确定施用时期，保证丰产稳产，要按照“施足基肥、重视攻茎肥，补施壮尾肥”的原则进行甘蔗全生育期的养分管理。同时需要注意根据土壤肥力水平及甘蔗苗的长势情况，适当调整不同时期施肥量，注意追肥时要结合中耕培土，施肥覆土，以防止肥料流失，另外可以选择在雨后追肥，其效果会更好。钾肥一般作基肥和攻茎肥施用，在甘蔗栽培时将全生育期50%～70%的钾肥与其他肥料混合均匀作底肥施用于种苗两旁或种苗上，再行盖土；5月底至6月初，雨季来临，甘蔗开始拔节时，采用全生育期30%～50%的钾肥与其他肥料混合均匀施于蔗根基部，进行大培土。

（4）与其他营养元素相结合。我国甘蔗主要生长在南方，土壤中常同时缺乏多种养分，由于产量高需要带走大量的养分，因此施用于甘蔗的肥料品种宜为养分种类全的品种。甘蔗的生长发育除需要一定量的氮、磷、钾外，每生产1 000千克蔗茎，还需吸收钙（CaO）0.46～0.75千克、镁（MgO）0.50～0.75千克，因此，甘蔗在施用钾肥的同时应注意配施其他大量元素及中、微量元素肥料。氮肥可用尿素（由于是旱地作物应尽量避免施用碳酸氢铵），磷肥可用过磷酸钙，能配合施用钙镁磷肥则更好，钾肥用氯化钾，也可配合施用硫酸钾镁肥，选择以上肥料品种可以同时保证钙、镁、硫养分的投入。基肥也可选用甘蔗专用复合肥。另外，还要注意增施含硅质的化肥，因为硅质可使蔗茎叶坚挺，对防止病虫害、防倒伏、减少叶面蒸腾吸收有一定作用。

第八节　甜　　菜

一、我国甜菜生产概况

甜菜是二年生草本植物，其栽培种类有糖用甜菜、叶用甜菜、根用甜菜、饲用甜菜，种植面积较大的是糖用甜菜。甜菜和甘蔗为食糖生产的原料作物，统称为糖料作物。我国地域辽阔，是世界上少有的几个既可种植甜菜也可种植甘蔗的国家之一。甜菜作为我国北方和西部的重要糖料作物，不仅是制糖业的重要原料，还因其具有耐盐碱、耐寒抗旱、适应性广、对积温和光照不敏感等优点，尤其在粮食作物低产低质的半干旱、轻盐碱地区种植有较好的经济效益，因此还是重要的经济作物。我国甜菜糖产量占食糖总产量的10%左右，主要分布在新疆、黑龙江和内蒙古干旱与半干旱地区。甜菜年种植面积很不稳定，20世纪50年代至90年代我国甜菜种植面积大幅度提高，至1991年达到最高，为78.3万公顷，但随后我国甜菜种植面积整体下滑，2015年我国甜菜种植面积仅为13.7万公顷。50年代以来，甜菜单产增长幅度较大，总体上看呈平稳的上升趋势，产量已由当初的 0.8 吨/亩提高到 2015 年的 3.9 吨/亩，增加了 3.9 倍。2015 年甜菜栽培面积较大的省份是新疆（6.12 万公顷），其次是内蒙古（4.99 万公顷）、河北（1.71 万公顷）、甘肃（0.29 万公顷）、黑龙江（0.21 万公顷）。单产最高的省份是新疆（5 吨/亩），其次是甘肃（3.5 吨/亩）。此外，辽宁、吉林、山西等地也有种植。由于我国种植结构的调整，甜菜种植的区域化、优势化也日益明显。由原来的新疆、内蒙古、黑龙江、吉林、辽宁等 8 个省（自治区）逐步向新疆、黑龙江、内蒙古和河北这 4 个优势区域集中，并建立一些甜菜生产基地，保证了甜菜种植面积的相对稳定。

二、甜菜的营养特性

由于产量高，甜菜从土壤中吸取的营养物质及水分远高于其他一般作物，例如其对氮、磷、钾的需要量一般比谷类作物分别多 1.6 倍、2 倍和 3 倍。根据测定，每生产1 000 千克块根，需要吸收氮（N）4.7～5.0 千克、磷（P_2O_5）1.5～1.7 千克、钾（K_2O）6.2～7.0 千克。由此可见，甜菜是喜钾作物，钾能够促进地上部的光合产物向块根中运输，增施钾肥不仅能够提高甜菜的产量，而且能够提高含糖量。

在甜菜营养生长时期，需肥量是两头小、中间大，呈抛物线状，因此在不同生长期其营养特征各不相同。

1. 幼苗期　在北方种植区，幼苗期一般在 5 月初至 6 月上旬。由于幼苗小，吸收的营养物质相对也较少，大约占整个营养生长阶段总吸收量的 15%～20%。这个时期甜菜对养分很敏感，尤其对磷肥，因此播种时施一定量的磷、氮肥，对根系的发育及幼苗生长非常有利。

2. 繁茂期　甜菜繁茂期即叶丛快速生长期，是甜菜生长最旺盛的时期，该时期生长中心在地上部，叶片数量迅速增加，叶面积达到最大值。这个时期对氮、磷、钾的需求量急剧增加，对氮的吸收量约占整个生育期的 46%，磷占 42%，钾占 27%。这个时期保证甜菜各种营养尤其是氮、磷营养，对促进叶丛生长、延长叶片寿命，为块根增长打下基础是非常重要的。

3. 块根糖分增长期　此时期甜菜生长中心由地上部分转移到地下部分。块根增长量逐渐达到最大值，同时根中含糖迅速增长。此时，对氮素需求减弱，对磷、钾需求量增多，氮、磷、钾吸收量约占生育期总吸收量的 35%、40%、25%。

4. 糖分积累期　地上部叶子生长缓慢以至停止。块根含糖量急剧增加，大约每 10 天含糖可增加 1 度。此时期对氮的需求急剧下降以至停止，对氮肥需要只占全生育期总量的 8%～9%，但对磷、钾的需求仍然很高，吸收量约占生育期总吸收量的 15%和 25%。此时期要控制氮素水平，以免造成叶子过分生长，消耗大量光合产物、降低块根含糖量和品质。

三、甜菜缺钾症状

甜菜缺钾时叶片变小，呈暗绿色，叶表面起皱。较老叶片的叶缘发黄并逐渐加重，最后叶缘破碎、坏死。随着缺钾的加剧，较嫩叶片的叶尖和叶缘出现棕色坏死斑点，叶片向内卷曲，叶柄不易折断，并呈棕色斑点或条纹。块茎小，容易腐烂，含糖量低（图 3-21）。

图 3-21 甜菜缺钾典型症状 (佚名 拍摄)

四、甜菜施钾技术

根据甜菜需肥量大、吸肥能力强、需肥周期长的特点，应该重施基肥，且提倡有机肥与无机肥结合并适当补充微量元素，具体提出以下建议：

（1）合理确定钾肥施用量。甜菜施肥量的确定，主要考虑块根的目标产量及土壤基础肥力状况，此外也应考虑甜菜的品质类型、栽培技术水平等因素。要做到因地因土施肥，以产定肥，要实行农家肥同化肥相结合，氮、磷、钾三要素同微量元素相配合。据试验，甜菜对土壤中的速效钾及当年施入的钾肥的利用率分别为25%和50%左右，可作为确定施肥量时的参考。

（2）掌握钾肥的施用时期及施用方法。甜菜为对氯敏感作物，因此对钾肥品种的要求较为严格，一般以硫酸钾肥为主。钾肥一般分次施用，基追比例为2∶1。基肥是甜菜的最基本的肥料，基肥一般配施一定的农家肥（厩肥、堆肥、绿肥等有机肥）。钾肥做基肥深施可减少速效养分损失，还可降低土壤深层积累氮素的不良影响。基肥应结合翻耕整地施入。在翻地前，将农家肥与化肥混合，均匀地撒于地面，之后机械翻耕；垄作地区，结合起垄把基肥施于垄内。

追肥的时期，主要是定苗后到叶丛繁茂期。此时，甜菜对营养需求剧增，而基础肥效还没能充分发挥，种肥的养分已经被大量消耗，应及时补充速效营养。注意追肥时期不能过晚，以免引起甜菜茎叶徒长，影响块根产量和含糖。追肥的次数及用量应根据土壤肥力、基肥及种肥的多少，以及甜菜长势来确定。追肥可分为根部（土壤）追肥和根外（叶面）追肥。

根部追肥的方法，目前多采用人工施肥。即在距甜菜植株3～5厘米处，刨5～7厘米深的坑，施入化肥后覆土。机械化水平较高的地区可采用机械施肥，如采用复式中耕基侧施肥机或追肥机条施追肥，深度 10 厘米。追肥后结合灌溉，更能充分发挥追肥效果。

根外追肥一定要严格控制叶面肥溶液的浓度，一般用 0.6%～1%的硫酸钾或 0.2%～0.3%的磷酸二氢钾溶液进行叶面喷施。用量也应根据叶丛大小而定，苗期少喷些，叶丛繁茂期可多些，一般为 20～40 千克/亩。喷肥应选择晴朗无风天气，在露水干后进行，中午阳光过强时不宜喷肥。

第四章

蔬菜作物缺钾症状与施肥技术

第一节　白　　菜

一、我国大白菜生产概况

白菜营养丰富，风味良好，产量高，成本低，较耐贮存，因此在我国分布地区广、品种类型丰富，也是我国栽培面积大，总产量高的一类蔬菜作物。据农业部统计，2014 年我国大白菜播种面积为 262.9 万公顷，占蔬菜总播种面积的 12.3%，产量达到 1.1 亿吨，单位面积产量为 42 吨/公顷，栽培面积和产量为各种蔬菜作物之首，大白菜生产在蔬菜业中占有主导地位。我国北方地区是大白菜的主产区。

大白菜起源于我国，栽培历史悠久，品种类型丰富。大白菜按栽培季节可分为春白菜、夏白菜、早秋白菜（贩白菜）和秋白菜；按熟性可分为极早熟、早熟、中熟和晚熟；按球形分为近球形、头球形（锥形）、炮弹形和直筒形；按抱合类型又分为叠抱、合抱、拧抱和舒心等。

目前我国大白菜主要包括 6 个主产区，分别为：

1. 黄淮海地区　此区大白菜类型和品种分布最多，以秋季栽培为主，8 月上旬播种，11 月中下旬收获。近几年，春夏大白菜栽培开始普遍。

2. 东北寒冷区　此区大白菜品种主要为高桩或半高桩类型，多在 7 月上旬到 8 月上旬播种，9 月中下旬至 11 月中下旬收获。

3. 内蒙古、新疆区　多在 6 月中下旬至 7 月上旬播种，10 月中下旬收获。

4. 长江流域区　晚熟品种多在 8 月中下旬播种，11 月下旬至 12 月上旬收获，早熟品种多在 7 月下旬播种，9 月中旬收获。

5. 华南区　播种期不严格，秋季从 7～11 月都可以播种，春季播种期在 1～4 月，夏季在 4～8 月都可以播种。

6. 青藏高原区　多在 6 月播种，9 月收获。

二、大白菜的营养特性

钾能提高大白菜含糖量，促进光合产物向叶球运动，加快结球速度，尤其在叶球形成期，钾肥充足，可加速有机物质向产品器官的转运，形成硕大充实的叶球，后期磷、钾肥供应不足时，往往不易结球。白菜生长迅速，产量很高，对养分需求较多。据研究，每生产 1 000 千克大白菜产品，需要吸收氮（N）1.5～2.3 千克，磷（P_2O_5）0.2～0.4 千克、钾（K_2O）2.0～3.5 千克，吸收 N、P_2O_5、K_2O 的比例大致为 2∶1∶3。西南大学新近的研究结果表明，重庆地区大白菜不同产量水平条件下大白菜需要吸收的氮磷钾养分不同，每生产 1 000 千克大白菜，高产区（产量>50 吨/公顷）的 N、P_2O_5 和 K_2O 吸收量分别为 2.10 千克、0.32 千克和 2.75 千克；中产区（产量 30～50 吨/公顷）分别为 2.30 千克、0.26 千克和 2.12 千克；低产区（产量<30 吨/公顷）分别为 1.92 千克、0.24 千克和 2.09 千克。从发芽期至莲座期吸收氮、磷、钾的数量，约占总吸收量的 10%，结球期约占 90%。发芽期至莲座期，吸收氮最多，钾次之，磷最少；结球期吸收钾最多，氮次之，磷最少。

三、大白菜缺钾症状

大白菜缺钾时，初期外叶的边缘出现黄白色斑点，逐渐向里面发展形成枯斑，而后叶缘枯脆呈卷缩状，易碎，在结球后期这种现象发生最多，造成结球困难或疏松，产量和品质严重下降，同时抗软腐病及霜霉病的能力降低（图 4-1）。

图 4-1　白菜缺钾典型症状　　（鲁剑巍　拍摄）

四、大白菜施钾技术

白菜的施肥技术总原则为“以有机肥为主，有机肥与化肥配合施用；以基肥为主，基追肥相结合”。对于白菜钾肥的施用提出以下建议：

（1）合理确定钾肥施用量。根据土壤供钾能力和目标产量水平确定钾肥用量。产量水平在 5 500～6 500 千克/亩时推荐有机肥施用量为 5 000 千克/亩，钾肥用量（K_2O）12～

14 千克/亩；产量水平在 4 500～5 500 千克/亩时推荐有机肥用量为 3 500 千克/亩，钾肥用量（K_2O）10～12 千克/亩；产量水平在 4 000～4 500 千克/亩时推荐有机肥用量为 2 500千克/亩，钾肥用量（K_2O）8～10 千克/亩。若基肥没有施用有机肥，可酌情增加钾肥（K_2O）2～3 千克/亩。

（2）适当追施。白菜生长迅速，一般以基肥为重，其中 70%以上钾肥做基肥，30%以下做追肥，结合氮肥在莲座期和结球初期施用，露地蔬菜的追肥次数为 2～3 次。出现缺钾症状时可喷施 0.1%～0.2%的磷酸二氢钾，每隔 7～10 天喷 1 次，共喷 3 次。

（3）与其他营养元素配合施用。白菜生产中除了重视氮磷钾肥外，还应适当补充中微量元素，特别是钙和硼的施用。北方石灰性土壤有效硼含量较低，可于播种前每亩基施硼砂 1 千克，或生长中后期喷施硼砂或硼酸水溶液。南方菜地土壤 pH<5 时，每亩需要施用生石灰 100～150 千克，可降低土壤酸度和补充钙素。

第二节 甘　　蓝

一、我国甘蓝生产概况

甘蓝是我国主要蔬菜作物之一，其播种面积和产量在所有蔬菜中位居第三，是近年来栽培面积发展最快的长途运销蔬菜，在春、夏、秋、冬四季周年供应中占有重要地位。甘蓝适应性广，抗逆性强，容易栽培，产量高，耐运输，耐贮藏。近年来我国甘蓝播种面积迅速增加，种植面积近 90 万公顷，产量在 0.3 亿吨左右，单产达到 34 吨/公顷左右，甘蓝在全国 31 个省份都有种植，主要分布在山东、河南、广东、四川、江苏、河北、湖南、湖北、福建等省份，占全国总面积 55%，是东北、西北、华北等较冷凉地区春、夏、秋的主要蔬菜，在华南主要于春季和冬季大面积种植栽培。其中结球甘蓝种植面积最大。根据甘蓝叶球的形状可分为尖头形品种、圆球形品种和平头形品种。根据甘蓝的成熟期长短可分为早熟品种、中熟品种和晚熟品种。20 世纪 90 年代以前，我国甘蓝生产主要分为春甘蓝、夏甘蓝、秋甘蓝以及内蒙古、黑龙江、宁夏等高寒地区一年一季栽培甘蓝。近年来，除上述 4 种栽培方式外，新增了以下几种栽培方式：①北方冬、春季小拱棚、大棚、日光温室等设施甘蓝栽培。以早熟圆球类型品种为主。②高纬度、高海拔地区越夏栽培。包括河北北部，河西走廊，太行山区，秦岭北麓，湖北恩施、长阳等地。栽培早熟、中早熟圆球类型品种或中熟扁球类型品种，在夏秋蔬菜淡季供应市场。③中原南部地区越冬栽培。包括河南南部，湖北，安徽，江苏中、北部等地。栽培耐寒、耐裂球、耐贮运、耐抽薹的甘蓝品种，早春蔬菜淡季供应市场。④广东、福建、广西等华南地区冬季栽培。

二、甘蓝的营养特性

甘蓝有较发达的根系，根群主要分布在 30 厘米的根层内，是喜肥和耐肥蔬菜。据研究，每形成 1 000 千克鲜菜，需吸收氮（N）3.5～6.0 千克、磷（P_2O_5）1.2～1.9 千克、钾（K_2O）4.9～6.8 千克，吸收 N、P_2O_5、K_2O 比例约为 1∶0.3∶1.1，可见甘蓝是需氮和钾较多的蔬菜。一般定植后 35 天左右，植株对氮、磷、钙等元素的吸收量达到高峰，而对钾的吸收量则在50天时达到高峰。在达到高峰值之前，植株的对养分的吸收量随生育期进展基本呈直线上升趋势。甘蓝在不同生育阶段中对各种营养元素的需求也不同。以幼苗期和莲座期氮肥的吸收量最大，其次是磷，而结球期则需钾量较多。甘蓝苗期至结球期吸收的氮和磷量占总吸收量的13%～19%，钾的吸收量较少，仅占总量的5%～10%；结球期到收获，氮和磷的吸收量占总吸收量的81%～87%，钾则占总吸收量的90%～95%。

三、甘蓝缺钾症状

甘蓝苗期缺钾时，下部叶片边缘发黄或发生黄白色斑，植株生长明显变差，严重时老叶叶缘严重灼烧、卷曲。甘蓝结球期最易出现缺钾，常常表现为外叶周边变黄或枯焦，脉间黄化，后变褐色而枯萎，继而提早脱落。叶球内叶减少，包心不紧，球小而松，严重时不能包心（图4-2）。

图4-2　甘蓝缺钾典型症状　（鲁剑巍　拍摄）

四、甘蓝施钾技术

甘蓝是喜肥和耐肥蔬菜，生长发育过程中吸肥量较多，应合理施用有机肥，有机肥与化肥配合施用，肥料分配上以基、追结合为主。对于甘蓝钾肥的施用提出以下建议：

（1）重视有机肥的施用。应结合耕地施用有机肥，使土肥充分混合，以利于土壤改良。早熟春甘蓝一般基肥施用厩肥2 500～3 000千克/亩，中、晚熟秋甘蓝一般基肥施用厩肥6 000千克/亩。

（2）合理确定钾肥施用量。根据土壤供钾能力和目标产量水平确定钾肥用量。对于露地甘蓝产量水平6 500千克/亩以上时推荐钾肥（K_2O）用量为14～16千克/亩；产量水平5 500～6 500千克/亩时推荐钾肥（K_2O）用量为12～14千克/亩；产量水平4 500～5 500千克/亩时推荐钾肥（K_2O）用量为10～12千克/亩。

（3）钾肥品种选择。甘蓝对硫素养分的需求量大，在钾肥品种方面以硫酸钾更适宜，不仅提供钾素养分，同时补充了甘蓝的硫素，在土壤硫素养分不足时，对提高产量和改善品质效果显著。

（4）钾肥施用方法。钾肥的基追比一般为1∶1，早熟品种追施1～2次，中、晚熟品种因结球期长可追施2～3次，其中结球初期为追肥重点。追施时以沟施或穴施为好，施后覆土，减少土壤对钾肥的固定。

第三节 莴　　苣

一、我国莴苣生产概况

莴苣是一种很常见的一年生或二年生食用蔬菜，可分为叶用和茎用两类。叶用莴苣又称春菜、生菜，茎用莴苣又称莴笋、香笋。叶用莴苣宜生食，在我国南方栽培较多，多分布在华南地区，台湾种植尤为普遍，茎用莴苣在南方、北方栽培均比较普遍，是春季和秋冬重要蔬菜之一。我国各地栽培面积茎用莴苣比叶用莴苣大。

二、莴苣的营养特性

莴苣为直根系，入土较浅，根群主要分布在20～30厘米的耕层中，适于有机质丰富、保水保肥力强的微酸性壤土中栽培。莴苣是需肥较多的作物，在生长初期，生长量和吸肥量均较少，随生长量的增加，对氮磷钾的吸收量也逐渐增大，尤其到结球期吸肥量猛增。其一生中对钾需求量最大，氮居中，磷最少。每生产1 000千克莴苣吸收氮（N）1.5～2.7千克、磷（P_2O_5）0.3～0.7千克、钾（K_2O）2.0～3.3千克。据西南大学研究，重庆地区不同产量水平莴笋吸收量存在明显差异，每生产1 000千克莴苣对N、P_2O_5和K_2O吸收量不同，高产区（产量>49.5吨/公顷）分别为1.70千克、0.40千克和2.55千克；中产区（产量30～49.5吨/公顷）分别为1.85千克、0.38千克和2.89千克；低产区（产量<30吨/公顷）分别为1.60千克、0.33千克和2.42千克。

三、莴苣缺钾症状

莴苣缺钾的主要症状为老叶叶缘发焦，叶脉间失绿，叶片发皱，外叶的叶脉间出现不规则褐色斑点。缺钾多发生在莴苣旺长期，此时常常在下部老叶边缘和叶尖出现棕褐色、黄色斑块状，严重时向中部叶片发展，植株生长缓慢，产量低（图4-3、图4-4）。

图 4-3　莴苣缺钾典型症状　　（鲁剑巍　拍摄）

图 4-4　莴苣严重缺钾景观　　（鲁剑巍　拍摄）

四、莴苣施钾技术

针对莴苣的需肥特点，施肥应以基肥为主，并掌握好追肥技巧，无论是叶用还是茎用莴苣，都要在施足基肥的基础上，做好各生育期的按需追肥，以满足笋茎肥大的需要。

（1）合理确定钾肥施用量。根据土壤供钾能力和目标产量水平确定钾肥用量。产量水平 3 500 千克/亩以上时推荐钾肥（K_2O）用量为 10～14 千克/亩；产量水平 2 500～3 500 千克/亩时推荐钾肥（K_2O）用量为 8～10 千克/亩；产量水平 1 500～2 500 千克/亩时推荐钾肥（K_2O）用量为 6～8 千克/亩。

（2）施足基肥，合理追肥。定植田要施足底肥，基肥一次施用腐熟农家肥 1 000～1 500千克/亩，钾肥 40%～50%基施，其余部分在莲座期和快速生长初期分 2 次追施。追施可采用根部追施硫酸钾肥或叶面喷施 0.3%的磷酸二氢钾。

（3）与其他肥料合理配合施用。莴苣耐酸能力很差，南方地区菜园土壤 pH<5 时，每亩需施用生石灰 150～200 千克。

第四节　萝　　卜

一、我国萝卜生产概况

萝卜属根茎类蔬菜，是我国一种重要的大路蔬菜，种植历史悠久，已有 2700 多年的栽培历史，全国各地均有种植。在气候条件适宜的地区四季均可种植，周年供应，产销量也很大。近十年来我国萝卜年播种面积一直稳定在 120 万公顷左右，单产达到 34 吨/公顷，2012 年我国萝卜种植面积达到 140 万公顷。萝卜生产主要集中在河南、四川、湖北、湖南、广西、山东等省份，占全国萝卜栽培总面积的近 50%。萝卜主要分为中国萝卜和四季萝卜两种，中国萝卜按生态型和冬性强弱又分为冬春萝卜、夏春萝卜、夏秋萝卜和秋冬萝卜 4 个基本类型，四季萝卜一年四季均可种植。萝卜生育期长短因品种不同差异较大，一般小根型萝卜，如樱桃萝卜，其生育期 20～40 天不等；中根型和大根型萝卜生育期则 40～100 天不等。

二、萝卜的营养特性

由于萝卜的栽培品种、产量水平差异较大，且适栽区域范围广，因此每生产单位产量吸收的养分差异较大。每生产 1 000 千克萝卜，需要吸收的养分量为：氮（N）2.1～3.5 千克、磷（P_2O_5）0.4～0.8 千克、钾（K_2O）为 2.6～4.3 千克，其 $N:P_2O_5:K_2O$ 比例约为 1：0.2：1.9。由此可见萝卜是喜钾类蔬菜。

萝卜在不同生育期对氮、磷、钾的吸收量差别很大。一般幼苗吸氮量较多，磷、钾的吸收量较少；进入肉质根膨大前期，植株对钾的吸收量显著增加，其次为氮和磷；到了肉质根膨大盛期是养分吸收高峰期，此时期吸收的氮占全生育期吸收氮总量的 77.3%，吸磷量占总吸磷量的 82.9%，吸钾量占总吸钾量的 76.6%。因此保证这一时期的营养充足是萝卜丰产的关键。

三、萝卜缺钾症状

萝卜缺钾，生长矮小，根部出现不正常的膨大，叶片变厚，叶边卷曲，呈淡黄至褐色，下部叶片边缘呈斑块状黄化，严重缺钾时，老叶边缘和叶脉间发黄、坏死，叶缘呈灼烧状，长势差，块根细小、产量明显下降（图 4-5、图 4-6）。

图 4-5　萝卜缺钾叶片典型症状　　（鲁剑巍　拍摄）

图 4-6　萝卜严重缺钾症状　　（鲁剑巍　拍摄）

四、萝卜施钾技术

科学施肥是保证萝卜高产优质并实现肥料高效利用的关键措施。施肥时应遵循基肥为主、追肥为辅，有机、无机相结合的原则，依据土壤钾素状况高效施用钾肥。

（1）合理确定钾肥施用量。根据土壤供钾能力和目标产量水平确定钾肥用量。具体可参考表 4-1。

表 4-1 不同目标产量的萝卜钾肥推荐量（千克 K_2O/公顷）

肥力等级	土壤速效钾含量（毫克/千克）	目标产量（吨/公顷）				
		25	35	45	55	75
极低	<80	210	290	370	450	450
低	80～150	160	220	280	400	350
中	150～200	105	145	185	225	275
高	200～250	55	75	95	115	150
极高	>250	0	0	0	0	0

（2）增施优质有机肥，有机无机相结合。有机肥可选用含钾量较高的草木灰、油饼和家禽、家畜及人粪尿等。有机肥一般做基肥施用，每公顷施入腐熟的优质有机肥 60～75 吨（切不可用未腐熟的粪肥，以免损伤幼苗的主根）。

（3）施足基肥，合理追肥。大中型萝卜钾肥一般分次施用，2/3 作基肥，1/3 于肉质根生长前期和膨大期追施；小型种萝卜生长期短，肉质根小，故生长期间一般不需追肥，钾肥可全部以基肥形式施用。为进一步提高萝卜产量和品质，可于莲座期以后叶面喷施 0.2%～0.5%的磷酸二氢钾（50 千克/亩）2～3 次，每隔 7～10 天 1 次。

第五节 胡 萝 卜

一、我国胡萝卜生产概况

胡萝卜，又称红萝卜或甘荀，二年生草本，是一种营养丰富、质脆味美的蔬菜，生食或熟食均可，还可榨汁、腌制、酱渍、制干或作饲料。全国各地广泛栽培，2014 年我国胡萝卜种植面积达到 48 万公顷，单产为 37.3 吨/公顷，主要分布在华北、华中、西北、东南与东北的部分省份，其中河南省种植面积 5.7 万公顷、四川 3.5 万公顷、湖北 3.4 万公顷、山东 3.3 万公顷、湖南 3.2 万公顷、河北 3.0 万公顷。根据肉质根形状，胡萝卜一般分 3 个类型：短圆锥类型，早熟、耐热、产量低、春季栽培抽薹迟；长圆柱类型，晚熟，根细长，肩部粗大，根先端钝圆；长圆锥类型，多为中、晚熟品种，味甜，耐贮藏。

二、胡萝卜的营养特性

胡萝卜适栽范围广，产量水平差异大，因此每生产单位产量吸收的养分量差异也较大。每生产 1 000 千克胡萝卜需要的养分量为：氮（N）2.4～4.5 千克、磷（P_2O_5）0.3～0.8 千克、钾（K_2O）4.2～5.8 千克，其 N：P_2O_5：K_2O 比例约为 1：0.2：1.4。

胡萝卜在发芽期间对养分的吸收量很少；幼苗期要求充足的氮素营养，以促进苗齐苗壮，但切忌施氮量过多，造成徒长；叶生长盛期（也是肉质根生长前期），肉质根的加粗生长与伸长生长同步进行，但仍以地上部生长为主，根系对钾的吸收量显著增加，其次是氮和磷；肉质根生长盛期是产量形成的关键时期，地上部生长较地下部缓慢，大量同化产物向地下部转移，土壤中的营养物质也大量转移到肉质根中，因而这个时期是养分的吸收高峰期，尤其磷钾的施用对肉质根的品质影响很大，保证这一阶段充足的磷钾供应是胡萝卜优质丰产的关键。

三、胡萝卜缺钾症状

症状从老叶出现，老叶叶尖及叶缘变黄或变褐色坏死，叶片扭转，叶缘变褐色，内部绿叶变白或呈灰色，最后呈青铜色（图 4-7）。

图 4-7　胡萝卜缺钾（左）典型症状　　（鲁剑巍　拍摄）

四、胡萝卜施钾技术

胡萝卜的施肥以基肥为主，追肥为辅，重视有机肥和有机无机相结合，并依据土壤钾素状况高效施用钾肥。

（1）重视有机肥的施用。胡萝卜肥大的肉质根在土壤中膨大，因此特别适合生长于湿润而富含腐殖质、排水良好、土层深厚、疏松肥沃的砂壤土或壤土中。增施有机肥料，培肥土壤对胡萝卜的优质丰产尤为重要。一般腐熟的优质有机肥用量为30～60吨/公顷。

（2）合理确定钾肥施用量。根据土壤供钾能力和目标产量水平确定钾肥用量。具体可参考表4-2。如果有机肥用量较大可减少20%的钾肥推荐用量。

表4-2 不同目标产量的胡萝卜钾肥推荐量（千克 K_2O/公顷）

肥力等级	土壤速效钾含量（毫克/千克）	目标产量（吨/公顷）			
		20	30	45	60
极低	<80	200	250	320	400
低	80～150	160	220	260	320
中	150～200	105	140	200	260
高	200～250	55	75	150	200
极高	>250	0	0	90	150

（3）施足基肥，合理追肥。一般钾肥的2/3作基肥，1/3于肉质根膨大期作追肥施用。当出现缺钾症状或为了进一步提高胡萝卜产量和品质，可于采收前25～30天，每亩用磷酸二氢钾2.5～3.0千克加水100～125千克进行根外追肥。

第六节 芋

一、我国芋生产概况

芋是芋艿的简称，别名芋头、毛芋头，多年生块茎植物，生产上常作一年生作物栽培，以采收地下部球茎为主。近年来我国芋播种面较稳定，种植面积稳定在9万公顷以上，2014年我国芋播种面积为9.7万公顷，产量为186.9万吨，单产达到19.4吨/公顷。根据自然地理环境条件和栽培特点，芋主要分布在华南区（广东、广西、澳门、云南、福建、台湾等省份）、华中区（湖南、湖北、江西、浙江、四川及江苏、安徽南部）和华北区（山东、河南、河北、山西、陕西的长城以南地区及江苏、安徽的淮河以北地区），山东省栽培较为普遍，多集中在胶东半岛。芋头的分类及命名方法有很多，如按生长环境和习性可将芋头分为水芋、旱芋和水旱兼用芋；按叶柄颜色可分为青芋、紫芋、黑芋、红芋等；按种芽的颜色可分为红芽芋、紫荷芋和白荷芋；按口感可分为香芋、甜芋和麻芋。我国主要的芋头品种有莱阳孤芋、狗爪芋、红芽芋、窥浦芋、榜柳芋、龙香芋等。

二、芋的营养特性

总的来说，芋植株对氮素的吸收最多，钾素次之，磷最少，每生产1 000千克商品产量所需氮（N）10.8千克、磷（P_2O_5）1.69千克、钾（K_2O）8.46千克，吸收比例为1∶0.16∶0.78。芋幼苗期对氮磷钾的吸收较少，发棵期和球茎膨大期吸收速率迅速增加，球茎膨大后期吸收积累速率又有所下降。幼苗期和发棵前期氮磷钾主要分布在叶片和叶柄中，其中，氮以叶片中居多，而磷和钾则以叶柄中居多。发棵后期和球茎膨大期主要分配在芋球茎中，其中氮磷的分配率为子芋大于孙芋，而钾则是孙芋中分配多于子芋。

三、芋缺钾症状

芋缺钾时老叶叶尖和边缘发黄，进而变褐，叶片上出现褐色斑点，甚至连接成斑块，但叶脉仍保持绿色。一般从老叶开始发生。严重缺钾时，幼叶也会发生同样症状。最后叶片脱落，植株早衰，球茎分蘖少，产量大幅度下降（图 4-8）。

图 4-8 芋严重缺钾叶片症状 （鲁剑巍 拍摄）

四、芋施钾技术

芋的根为肉质须根，对土壤的穿透力弱，喜欢疏松深厚的土壤，因此播前应深翻晒垡，使土壤松软透气、含热量多，特别是魁芋应深耕 30 厘米以上。芋施肥应遵循有机无机相结合以及施足基肥合理追肥的原则。一般基肥沟施或穴施厩肥或堆肥 1 000～1 500 千克/亩，有利于根系及球茎生长，另外还需施用过磷酸钙 20 千克/亩、硫酸钾 20 千克/亩。

芋生长期长，需肥量大，耐肥力强，除施足基肥外，必须多次追肥，一般结合培土追肥 4～5 次。追肥量及次数应以田间长势为基础，重点是施好促苗肥、发棵肥、子芋肥、孙芋肥和壮芋肥。一般以有机肥和复合肥为主。在田间发现芋生长期明显出现缺钾症状时，解决方法为叶面喷施0.1%～0.2%的氯化钾或硫酸钾，然后再在芋根际追施一定量速效钾肥。

第七节 山 药

一、我国山药生产概况

中国是山药的原产地之一，多处种植山药，栽培历史悠久。山药即薯蓣，别名怀山药、淮山药、土薯、山薯、山芋、玉延，为一年生或多年生缠绕性藤本植物，主要产品为肥大的肉质块茎（根状块茎），单位面积产量较高，一般可达22.5～30.0吨/公顷。

我国山药分布较广，主产于河南温县、武陟、沁阳、孟县等，此外，河北、山西、陕西、江苏、浙江等省也有较大的产量，近年来四川山药种植面积不断扩大，产量也逐年上升。根据气候条件和山药生产的特点，可将我国划分为五大山药栽培区：

1. 华北区 包括山东、山西、河南、河北、江苏北部、安徽北部、陕西的部分地区，该区的栽培面积很大，形成了许多名贵品种，如山东济宁米山药，每年大量出口。

2. 华南区 包括台湾、海南、广东、广西、云南、贵州、江西、福建等地区，该区冬季基本无霜雪，比较适于山药栽培，主要方式是同其他矮生蔬菜或粮食作物间作、套种，栽培面积不是很大。

3. 华中区 包括长江流域、淮河流域和四川盆地等广大地区，与各种绿叶菜，茄果类蔬菜间作。

4. 东北寒冷区 包括辽宁、吉林、河北北部，内蒙古的东部地区，一般在4月下旬至5月上旬栽培山药，虽生长期较短，但产量很高，其品种多从河北南部、山东引入。

5. 西北干燥区 主要包括新疆、甘肃、内蒙古的包头地区，昼夜温差较大，有利于糖分的积累，非常适于山药生长，这一地区栽培的山药不仅产量高而且淀粉含量多，品质甚佳。

山药品种丰富，有汾阳山药、太谷山药、水山药、怀山药等；山药分药用和食用（也称菜用）两大类，南方诸省以食用山药为主，药用山药以种植于河南省北部、山西省中南部的太谷山药、怀山药为代表，药用和滋补价值最高，具有补脾养胃、补肺益肾的功效。

二、山药的营养特性

山药的生育期较长，需肥量很大，块茎的形成伴随着淀粉等物质的积累，故对磷、钾的需求量相对较大。山药对养分的吸收动态与植株鲜重的增长动态相一致。发芽期，植株生长量小，对氮、磷、钾的吸收量也少。在生长中后期块茎的生长量急增，需要吸收大量的养分，特别是磷、钾。据测定，一般每生产1 000千克山药，需要氮（N）4.3千克、磷（P_2O_5）1.1千克、钾（K_2O）5.4千克，吸收比例为4∶1∶5。

三、山药缺钾症状

山药缺钾时，老叶叶尖有发黄症状，叶片上多出现褐色斑点。山药缺钾的情况一般较少，缺钾的症状也不如其他植物明显（图 4-9）。

图 4-9　山药缺钾典型症状　（鲁剑巍　拍摄）

四、山药施钾技术

山药生长期长，茎叶生长量大，对土壤养分的吸收量也多，喜有机肥，但施用时要防止块茎与肥料直接接触，否则块茎的正常生长会受到影响。山药的施肥应以有机肥为主，无机肥为辅，重施基肥，巧施追肥。钾肥的 60%作基肥，40%作追肥，山药是氯敏感作物，不宜施用含氯肥料。

基肥应以有机肥为主，一般施腐熟有机肥 3 000～4 000 千克/亩、过磷酸钙 25～35 千克/亩、硫酸钾 20～25 千克/亩。将有机肥与化肥混匀，沟施或穴施后将表土回填，盖住肥料，然后再播种种薯，播种后再覆土。

山药追肥主要在生长的中后期，植株进入现蕾后地下块茎开始膨大，需肥量较大。追施钾肥一般以速效钾肥为主，于盘根期（枝叶生长盛期）和块茎膨大期根据苗情施用硫酸钾 10～15 千克/亩，当出现缺钾症状时可结合防病治虫叶面喷施 0.1%～0.2%磷酸二氢钾 2～3 次。

第八节　茄　　子

一、我国茄子生产概况

茄子是我国栽培较广的茄果类蔬菜之一，是一种分布广、可周年供应、经济实惠的大宗蔬菜。2014 年我国茄子种植面积为 77.6 万公顷，单产为 37.6 吨/公顷，占世界茄子种植面积的近60%。我国茄子南北方均有大面积栽培，尤以东北地区、黄河、长江中下游地区以及南方各地更为普遍，种植面积最大的6个省依次是河南、山东、四川、河北、江苏、湖南，种植面积均超过5万公顷，常见的是春秋季露地栽培，冬季南方冷棚栽培，而北方大棚温室栽培，以此达到了茄子的终年供应。东北、华东、华南地区以栽培长茄为主，华北、西北地区以栽培圆茄为主。

二、茄子的营养特性

茄子根深叶茂，生长结果时间长，是需肥多而又耐肥的蔬菜。每生产1 000千克茄子，需要氮（N）2.6～3.5千克、磷（P_2O_5）0.6～1.0千克、钾（K_2O）3.1～5.6千克，其氮、磷、钾吸收比例为1∶0.27∶1.42。茄子苗期对养分的吸收量较少，仅占全生育期吸收量的10%以下；进入结果期，养分吸收量迅速增加，从采果初期到结果盛期养分吸收量几乎是直线上升，养分吸收量可占全生育期的60%以上。

三、茄子缺钾症状

茄子缺钾时，初期心叶变小，生长慢，叶色变淡；后期叶脉间失绿，出现黄白色斑块，叶尖叶缘渐干枯（图4-10）。

图4-10　茄子缺钾典型症状　（佚名　拍摄）

四、茄子施钾技术

茄子栽培要施足底肥，重视追肥，氮、磷、钾肥配合施用。苗床施肥一般按每平方米15千克腐熟的有机肥、0.15～0.30千克过磷酸钙制成营养土播种育苗，出苗后如茄苗发黄时，可用0.2%～0.3%的尿素溶液喷施。

大田基肥以有机肥为主，配合适量化肥随耕地翻入土壤，有机肥用量为2～4吨/亩，钾肥（K_2O）用量为5千克/亩。进入结果期每隔10天追施一次肥料，每次钾肥（K_2O）用量为1.6千克/亩，结果盛期可用0.2%～0.3%的磷酸二氢钾溶液叶面喷施2～3次。

第九节 辣 椒

一、我国辣椒生产概况

辣椒是我国人民喜食、栽培面积较大的重要蔬菜和调味品。我国辣椒种植面积约为133万公顷，仅次于白菜类蔬菜，已成为我国栽培面积最大的蔬菜种类之一，占世界辣椒面积的35.0%；辣椒总产量2 800万吨，占世界辣椒总产量的46.0%；经济总产值70亿元，居蔬菜之首位，占世界蔬菜总产值的17%。由于辣椒的适应性较广，我国各地均可种植，西北、西南、东北和湖南、湖北、江西位于著名的辣椒种植带范围内。其种植面积超过6.7万公顷的省有江西、贵州、湖南、四川及湖北；除南方外，北方也有知名辣椒产区，如河南、河北、陕西等。根据辣椒的形状和大小可将其分为樱桃类辣椒（如成都的扣子椒、五色椒等）、圆锥椒类（如仓平的鸡心椒等）、簇生椒类（如贵州七星椒等）、长椒类（如长沙牛角椒等）、甜柿椒类。根据辣椒的生长分枝和结果习性，也可分为无限生长类型、有限生长类型和部分有限生长类型。

二、辣椒的营养特性

由于辣椒生长周期长，养分含量高，因而需肥量比较大，每生产1 000千克鲜椒需氮（N）3.5～5.5千克、磷（P_2O_5）0.7～1.4千克、钾（K_2O）5.5～7.2千克。不同生育期辣椒吸收的氮、磷、钾养分数量有很大差异，从出苗到现蕾，由于干物质积累速率较慢，因而需要的养分也少，约占吸收总量的5%；从现蕾到初花植株生长加快，营养体迅速扩大，干物质积累量也逐渐增加，对养分吸收量增多，约占总吸收量的11%；从初花到盛花结果是辣椒营养生长和生殖生长旺盛时期，也是吸收养分和氮素最多的时期，约占总吸收量的34%；盛花至成熟期，植株的营养生长减缓，这时对磷钾的需要量最多，约占总吸收量的50%；在成熟果采收后，为了及时促进枝叶生长发育，这时又需要大量的氮肥。

三、辣椒缺钾症状

辣椒缺钾时，嫩叶稍变黄，中下部叶片出现褐色斑点，叶脉间变黄，叶片生长缓慢，发生落叶，根系发育不良，呈褐色，植株呈矮丛状，抗病力减弱，坐果率低，产量不高；严重时椒叶会枯死、脱落（图4-11、图4-12）。

图 4-11　辣椒严重缺钾症状　（佚名　拍摄）

图 4-12　辣椒缺钾典型症状　（鲁剑巍　拍摄）

四、辣椒施钾技术

根据辣椒生长周期长，需肥量大的特点，辣椒施肥应注重有机肥的施用，有机无机相结合。一般高产田基施农家肥15～20吨/公顷或优质商品有机肥6～8吨/公顷。钾肥用量应根据土壤供钾能力和目标产量水平确定，长江中下游地区的施钾量可参照表4-3。

表4-3　长江中下游地区土壤钾分级及辣椒钾肥用量（千克 K_2O/公顷）

肥力等级	土壤速效钾含量（毫克/千克）	目标产量（吨/公顷）		
		30	45	60
极低	<50	120	150	180
低	50～100	100	135	160
中	100～150	80	120	140
高	150～200	60	105	120
极高	>200	40	90	100

钾在辣椒生育初期吸收少，但从果实采收后，吸收量明显增加，一直持续到结束。因此一般把钾肥总量的50%～60%作基肥，40%～50%作追肥施用。

第十节　番　　茄

一、我国番茄生产概况

番茄别名西红柿、洋柿子，产量较高，营养丰富，适应性强，不但可作蔬菜和水果食用，而且是重要的加工原料，20世纪50年代以后栽培面积不断扩大，80年代迅速发展，现已成为我国主要的蔬菜种类之一。2014年我国番茄种植面积为101.2万公顷，总产达到5 330万吨，单产达到52.7吨/公顷。番茄在我国各地都有种植，但种植规模较大的省主要集中在中国中部地区的华北平原，包括河北、山东、河南三省，南部地区以江苏为主要生产省份，西北地区以新疆为主要生产省份。种植面积超过5万公顷的省份有河北、河南、新疆、山东、江苏和辽宁，6个省总种植面积占全国总种植面积的47.4%。其中新疆的番茄生产主要用于番茄产品的加工，尤其是番茄酱的生产，全国90%的番茄酱生产来自新疆。

二、番茄的营养特性

番茄是连续开花的蔬菜，生长期较长，产量较高，生长期对养分的需要量较大，吸收养分以钾为主，氮次之，磷较少。每生产1 000千克番茄，需吸收氮（N）2.6～4.6千克（平均3.5千克）、磷（P_2O_5）0.22～0.57千克（平均0.44千克）、钾（K_2O）2.8～4.2

千克（平均 3.5 千克）。苗期番茄吸收养分较少，随生育期的推进而增加，从第一花序开始结实、膨大后，养分吸收量迅速增加。番茄营养生长阶段吸收钾只占全生育期的 30%左右，该阶段 70%的钾集中在叶中；果实膨大阶段吸收量急剧增多，占 70%左右，结果期 60%的钾分布在果实内。

三、番茄缺钾症状

番茄是对缺钾比较敏感的植物，缺钾时老叶呈灼烧状，叶缘卷曲，叶脉失绿，有的品种在失绿区出现边缘为褐色的小枯斑，之后老叶脱落，茎木质化，不再增粗；根系发育不良，较细弱，常变成褐色；果实发育明显受阻，果形不正，成熟不一，能着色，但不均匀，果蒂附近转色慢，出现青红色相间，绿色斑驳其间，称“绿背病”；缺钾植株萎蔫，易感灰霉病（图 4-13、图 4-14）。

图 4-13　番茄缺钾典型症状　（鲁剑巍　拍摄）

图 4-14 番茄缺钾果实出现“绿背病”症状 （鲁剑巍 拍摄）

四、番茄施钾技术

（1）合理确定钾肥施用量。根据土壤供钾能力和目标产量水平以确定番茄钾肥用量（表 4-4、表 4-5）。

表 4-4 不同目标产量的华北地区设施番茄钾肥推荐用量（千克 K_2O/公顷）

肥力等级	土壤速效钾含量（毫克/千克）	目标产量（吨/公顷）				
		＜50	50～80	80～120	120～160	160～200
极低	＜80	240～300	380～480	550～650	650～750	—
低	80～100	200～240	320～380	480～550	550～650	750～800
中	100～150	160～200	250～320	400～480	500～550	640～750
高	150～200	100～160	160～250	240～400	320～500	400～640
极高	＞200	60～100	100～160	150～240	200～320	240～400

表 4-5 不同目标产量的新疆加工番茄钾肥推荐用量（千克 K_2O/公顷）

肥力等级	土壤速效钾含量（毫克/千克）	目标产量（吨/公顷）				
		＜60	60～90	90～120	120～150	＞150
低	80～100	165	210	240	270	290
中	100～150	135	180	210	240	250
高	＞150	100	150	180	210	210

（2）施足基肥，合理追肥。番茄是需肥较多的蔬菜，定植前施足基肥是一项重要措施，即重施基肥。基肥以腐熟的优质有机肥为主，一般亩施用量为5～7吨。番茄苗期吸收养分较少，钾肥的20%～30%基施，70%～80%在果实膨大期追施。在进入盛果期后，根系吸肥能力下降，可结合打药进行叶面喷施0.3%～0.5%磷酸二氢钾，以补充钾肥。

第十一节　芹　　菜

一、我国芹菜生产概况

芹菜系伞形花科二年生草本植物，又称为蒲芹、香芹、药芹等，适应性强，可多茬栽种，是春、秋、冬季的重要蔬菜，我国各地均有栽培，种质资源丰富，种植面积大，是我国人民普遍食用的传统蔬菜。据统计，近年来我国芹菜种植面积不断上升，2014年全国种植面积为75.9万公顷，单产为39.2吨/公顷，总产达到2 973万吨。芹菜在我国栽培历史悠久，产地分布十分广泛，全国所有省份都有芹菜种植。种植面积超过5万公顷的省份有河南、山东、江苏、广东和安徽，其中河南省种植面积最大，为7.8万公顷，5个省总种植面积占全国总种植面积的41.2%。依据芹菜叶柄的形态，芹菜可分为中国芹菜和西洋芹菜。中国芹菜又称中国本芹，根据叶柄的颜色，芹菜可分为青芹、白芹和黄芹，青芹和白芹在我国南北方地区都有栽培，黄芹主要在南方少数城市栽培；按叶柄中空程度可分为实心芹菜和空心芹菜两种；根据生长环境不同芹菜常被分为水芹和旱芹，水芹主要产于南方，我们在北方吃到的芹菜主要是旱芹。西芹主要由欧美引进，多为实心，有青柄和黄柄两个类型。

二、芹菜的营养特性

在绿叶蔬菜中，芹菜的生长期较长，养分需要量也较大，养分需要量顺序是钾>氮>磷，每生产1 000千克芹菜吸收氮（N）2.9～3.8千克、磷（P_2O_5）0.39～0.78千克、钾（K_2O）3.2～4.6千克。芹菜是吸肥能力低，耐肥力比较高的作物。芹菜在整个生育期中对养分的吸收量与生物量的增加是一致的，各养分的吸收动态基本一致，呈S形曲线。前期芹菜养分的吸收主要以氮、磷营养为主，以促进根系发达和叶片的生长，中期（4～5叶到8～9叶期）养分的吸收由氮、磷为主变为以氮、钾为主，随着生育天数增加，氮、磷、钾吸收量迅速增加。芹菜生长最盛期（8～9叶到11～12叶期）也是养分吸收最多的时期。

三、芹菜缺钾症状

芹菜缺钾时，叶片呈淡灰绿色，叶缘变黄、干枯。初期心叶变小，生长慢，叶色变淡，后期叶脉间失绿，出现黄白色斑块，叶尖叶缘逐渐干枯，老叶出现白色或黄色斑点，斑点后期坏死，叶柄细而硬（图4-15）。

四、芹菜施钾技术

芹菜施肥时应注意有机肥的施用，有机无机相配合，施足基肥，适时追肥。钾肥的

图 4-15　芹菜缺钾典型症状　　（鲁剑巍　拍摄）

25%～35%作基肥施用，65%～75%作追肥。芹菜需肥量大，施足基肥是关键，基肥一般以有机肥为主，施用腐熟有机肥 3～5 吨/亩，钾肥（K_2O）3～5 千克/亩，混匀后一次施入土中作为基肥，深翻 20～25 厘米使土壤和肥料充分混匀。从新叶大部分展出到收获前植株进入旺盛生长期，叶面积迅速扩大，叶柄迅速伸长，叶柄中薄壁组织增生，芹菜吸肥量大，吸肥速率快，要及时追肥。65%～75%钾肥分别于心叶生长期、旺盛生长前期和旺盛生长后期追施。如果生长期发生缺钾还可用 0.2%硝酸钾或 0.3%～0.5%磷酸二氢钾溶液进行叶面追肥。收获前 15～20 天停止施肥。

第十二节　大　　葱

一、我国大葱生产概况

大葱为百合科葱属 2 年生草本植物，以肥大的假茎和嫩叶为食用部位，常作为一种很普遍的香料调味品或蔬菜食用，其贮藏性好，便于运输，我国各地均有栽培。2014 年我国大葱种植面积达到 57.3 万公顷，单产为 38.3 吨/公顷，以河南、山东、河北、安徽、广东等为主产省份，种植面积均超过 3 万公顷。大葱可分为普通大葱、分葱、胡葱和楼葱 4 个类型。分葱和楼葱是普通大葱的变种，栽培普遍较多的是普通大葱。按其假茎的高度可分为长葱白类型、短葱白类型和鸡腿型。

二、大葱的营养特性

大葱是比较喜肥的作物，尤其是对氮、钾需要量多。据研究，每生产 1 000 千克大葱约吸收氮（N）2.7～3.3千克、磷（P_2O_5）0.5～0.6千克、钾（K_2O）3.0～3.7千克。大葱对养分的需求量前期较少，中后期为养分需求的最大时期。大葱幼苗生长量较小，干物质积累比较缓慢，养分吸收量较小，进入假茎（葱白）形成盛期，假茎迅速伸长和增粗，干物质积累量增加明显，养分吸收量较高。

三、大葱缺钾症状

大葱缺钾表现为生长发育迟缓，植株矮小，葱白短小，叶上发生黄绿色条斑，易从叶尖枯干，抗病虫和抗风能力下降，产量低（图4-16）。

图4-16 大葱缺钾典型症状 （佚名 拍摄）

四、大葱施钾技术

大葱是一种喜肥性较强的蔬菜，从定植到收获往往追肥3～4次，特别是结合培土的施肥措施对产量和品质影响很大。在定植大葱之前，根据土壤肥沃程度，每亩施用2～5吨腐熟有机肥或130～330千克优质有机肥。氮肥对大葱的产量具有重要作用，但定植初期大葱一般不施用尿素，否则会导致烧根甚至死苗。氮肥的10%～20%作基肥，一般以铵态氮形式提供；80%～90%作追肥，特别是在葱白生长初期和葱白生长盛期是追肥关键时期。大葱对磷的需求以幼苗期最敏感，所以磷肥作为基肥施用。大葱对钾的需求以中、后期较为敏感，所以大葱葱白形成期要加强钾肥的施用。其中50%的钾肥作基肥施用，50%钾肥作为追肥施用。钾肥施用量需根据土壤供钾能力和目标产量水平确定（表4-6）。

表 4-6 华北平原土壤钾分级及大葱钾肥推荐用量（千克 K_2O/公顷）

肥力等级	土壤速效钾含量（毫克/千克）	产量水平（吨/公顷）			
		<45	45～55	55～65	>65
极低	<70	160	180	200	220
低	70～120	120	135	150	160
中	120～140	80	90	100	110
高	140～180	40	45	50	60
极高	>180	0	0	0	20

第十三节 生 姜

一、我国生姜生产概况

生姜又称姜、黄姜，为姜科姜属能形成地下肉质茎的栽培种，是多年生草本植物，生产中多作一年蔬菜栽培，其地下块茎肥厚，含有挥发性的姜油和姜辣素等特殊成分，最显著的特征是具有特殊的芳香味和辣味，既是人们日常生活中常用的重要调味品之一，广泛用于烹调和食品的加香，又是传统的中药材，人们常食的一种蔬菜和保健功能食品，为我国重要的特产创汇蔬菜。我国是世界上生姜栽培面积最大、出口量最多的国家之一。除东北、西北部分高寒地区外，姜在全国各地都有种植，南方栽培面积较大，尤以广东、福建和台湾等省种植较多，在北方主要分布在山东莱芜、泰安等泰山山脉以南的丘陵地区，以山东省种植最多。按生物学特性分类可分为两大类型：一是疏苗型，植株高大，茎秆粗壮，分枝少，根茎节少而稀，姜块肥大，多单层排列；另一种是密苗型，长势中等，分枝多，块茎节多而密，姜球数多，但姜球较小，呈双层或多层排列。另外，还可根据姜的用途将姜分为食用型、药用型、加工型和观赏型，大多数生姜品种是食用和药用兼用型品种。

二、生姜的营养特性

生姜整个生长过程中钾含量除根稳定在4%～5%范围内，其余器官均变化较大，总趋势为侧枝>主枝>根茎>侧枝叶>主枝叶。生姜全株鲜重的增长与养分吸收量是一致的，幼苗期对氮、磷、钾的吸收量较少，其吸收量约占总生育期吸收量的7%～10%，旺盛生长期约占总吸收量的90%～93%。全生长期中吸收钾肥最多，氮肥次之，磷较少，每产1 000千克鲜姜，吸收氮（N）11.3～12.7千克、磷（P_2O_5）3.7～4.4千克、钾（K_2O）27.3～29.3千克，N∶P_2O_5∶K_2O约为1∶0.3∶2.4。从生姜地上部与地下部吸收比例来看，姜块含氮量比姜叶低，约为总量的47%；磷则是姜块中含量大于姜叶，占总量的59%；钾在姜块中仅占41%。

三、生姜缺钾症状

生姜缺钾时叶片的叶尖变黄，严重时变红、易卷曲、易脱落，植株易感病害，块茎皮厚肉粗，膨大不良，产量低（图 4-17）。

图 4-17　生姜缺钾典型症状　　（鲁剑巍　拍摄）

四、生姜施钾技术

生姜生长期较长，根系浅而分枝多，耐肥，增施基肥是增产的关键。生姜施肥应遵循增施有机肥，施足基肥，适当追肥的原则。有机肥一般做基肥施用，亩施腐熟有机肥 3～5 吨或腐熟厩肥 5～8 吨。在中等肥力条件下，需施钾（K_2O）15～25 千克/亩，其中 2/3 作基肥，1/3 于生长盛期沟施。

第十四节　大　　蒜

一、我国大蒜生产概况

大蒜为百合科葱属二年生草本植物，含有丰富的营养物质，可以作为许多食品配料和佐料。我国是世界大蒜的主要生产国、消费国和出口国，种植面积和产量位居全球首位。2014 年我国大蒜种植面积为 78.3 万公顷，约占全球种植面积的 60%，单产达到 2.46 吨/公顷，总产达到 1924 万吨。我国大蒜种植分布面广，在全国 30 多个省（直辖市、自治区）均有种植。主要集中在山东、河南以及江苏一带，三省种植面积均超过 10 万公顷，合计占全国种植面积的 53.4%。大蒜的品种很多，按照鳞茎外皮的色泽可分为紫皮蒜与白皮蒜两种；按蒜瓣大小可分为大瓣种和小瓣种；按有无蒜薹可分为薹蒜和无薹蒜；按越冬性和播种季节可分为春性蒜和冬性蒜；按生育期长短和熟性可分为极早熟、早熟、中熟和晚熟四大类型。

二、大蒜的营养特性

大蒜生长期长，产量高，因而全生长期吸收养分较多，其需要量因产量水平而不同。据研究，生产 1 000 千克鲜蒜，吸收氮（N）4.5～5.0 千克、磷（P_2O_5）1.1～1.3 千克、钾（K_2O）4.1～4.7 千克，氮、磷、钾吸收比率约为 1∶0.25∶0.9。大蒜对氮的吸收主要集中在中后期，吸收高峰在鳞茎膨大期，对磷、钾的吸收主要集中在前期和中期，吸收高峰分别在蒜薹伸长期和鳞茎膨大期。

三、大蒜缺钾症状

大蒜缺钾的主要症状为老叶上先出现缺钾症状，再逐渐向新叶扩展，老叶的叶缘先发黄，进而变褐，焦枯似灼烧状。大蒜缺钾 6～7 叶开始，叶的周边部生出白斑，叶向背侧弯曲，白斑随着老叶的枯死而消失（图 4-18）。

图 4-18　大蒜缺钾典型症状　　（鲁剑巍　拍摄）

四、大蒜施钾技术

大蒜根系浅，根毛少，吸收养分能力弱，对基肥质量要求较高。大蒜施肥时应以有机肥为主，有机肥与无机肥配合施用。基肥一般以有机肥为主，基施商品有机肥 200～300 千克/亩。大蒜的施肥量应根据土壤供钾能力和目标产量水平来确定。钾肥的施用量可参照表 4-7。在施用有机肥较高时可酌情减少钾肥用量，钾肥一般做基肥施用，也可在出现缺钾症状或鳞茎膨大期适当追施钾肥（表 4-7）。

表 4-7　不同目标产量的华北平原地区大蒜钾肥推荐用量（千克 K_2O/公顷）

肥力等级	土壤速效钾含量（毫克/千克）	目标产量（吨/公顷）			
		<22	22～26	26～30	>30
极低	<80	330	350	370	390
低	80～120	250	260	280	300
中	120～170	165	175	185	200
高	170～200	120	130	140	150
极高	>200	80	90	90	100

第十五节　西　　瓜

一、我国西瓜生产概况

西瓜是我国农村主要经济作物之一，在中国瓜果类作物生产中占有重要地位。1980 年以来，中国西瓜产量和收获面积一直稳居世界第一。2013 年我国西瓜种植面积达 184 万公顷，单产为 39.8 吨/公顷。全国 31 个省、直辖市、自治区都有西瓜种植，目前我国西瓜生产布局依然是华东、中南两大地区主导的局面，这两个产区的西瓜播种面积占全国的 3/4 左右。主产省份为河南、山东、安徽、湖南，种植面积均超过 10 万公顷。西瓜以用途不同，可分为四类：普通西瓜、瓜子瓜、小西瓜和无籽瓜。

二、西瓜的营养特性

西瓜生长期较长，需肥量较大。西瓜的需肥规律呈 S 形，其中结瓜期为快速吸收阶段，对氮、磷、钾的吸收占总量的 85%左右，并以结瓜中期（膨瓜期）的吸收量最大，占 75%左右。在不同时期西瓜对三要素吸收比例不同，在西瓜的营养生长旺盛时期，吸收氮多，钾次之，而坐果后对钾的吸收多，氮次之。整个生育期内吸钾量最多，氮次之，磷最少。生产 1 000 千克西瓜需吸收氮（N）2.5～3.3 千克、磷（P_2O_5）0.8～1.3 千克、钾（K_2O）2.8～3.7 千克。

三、西瓜缺钾症状

西瓜缺钾时，植株抗逆性降低，西瓜的产量和品质都明显下降。具体表现为植株生长缓慢、茎蔓细弱，叶面皱曲，老叶边缘变褐枯死，并渐渐地向内扩展，严重时还会向心叶发展，使之变为淡绿色，甚至叶缘也出现焦枯状，果实发育受阻，坐果率很低，已坐的瓜，果实个头也小，含糖量不高、口味变差（图 4-19、图 4-20）。

四、西瓜施钾技术

西瓜根系强大，耐肥和耐瘠薄的能力都比其他蔬菜强，并且还具有一定程度的耐盐碱的能力。西瓜的施肥以有机肥为主，化肥为辅，两者合理搭配，施用方法因土壤等环境条件的不同而异。在砂壤土上种西瓜，由于土壤保肥性差，施肥宜少量多次；黏质土则相

图 4-19　西瓜缺钾叶片典型症状　　（鲁剑巍　拍摄）

图 4-20　西瓜缺钾典型症状　　（鲁剑巍　拍摄）

反，则应少次多量。南方雨水多，地下水位较高，表层土壤湿度大，西瓜根系分布浅，肥料要浅施；北方干旱地区表层土壤干燥，西瓜根系分布较深，肥料应深施。基肥以有机肥为主，配施适量化肥。常用的有机肥有猪圈肥、禽肥、牛羊肥、人粪尿等，应充分腐熟后使用，用量为3～4吨/亩。菜籽饼类有机肥料是传统优质西瓜栽培中常用的有机肥料，腐熟后一般每亩施用量100～150千克，可显著提高西瓜的甜度。钾肥（K_2O）用量一般为20～30千克/亩，以基肥和膨瓜肥施用为主，在生育后期，可以用0.2%～0.3%的磷酸二氢钾喷施叶片进行根外追肥。西瓜追肥的原则是轻施苗肥，巧施伸蔓肥，重施膨瓜肥。另外西瓜属于氯敏感作物，应少施或不施含氯肥料。

第十六节　黄　瓜

一、我国黄瓜生产概况

黄瓜也称胡瓜、青瓜，是我国栽种的大众化蔬菜，既可生食，又可熟食，是人们喜食的菜种之一。目前我国露地栽培和设施栽培相结合，基本做到周年供应新鲜黄瓜。我国黄瓜种植面积和总产量均占世界的一半以上，居世界第一，但我国黄瓜的单位面积产量和出口量却低于许多国家。2014年我国黄瓜种植面积达到117万公顷，总产达到5 572万吨，单产为47.8吨/公顷。黄瓜的主产省份是河南、河北和山东，种植面积均超过10万公顷，三省黄瓜种植面积占全国的32.4%。

根据不同的地理位置及栽培习惯，我国大体上可以分为以下6个黄瓜种植区：

1. 东北种植区　主要包括黑龙江省、吉林省、辽宁省北部、内蒙古自治区、新疆北疆等地区，主要为露地、大棚栽培及节能日光温室栽培。

2. 华北种植区　主要包括辽宁省南部、北京市、天津市、河北省、河南省、山东省、山西省、陕西省，江苏省北部，此区是我国主要的温室大棚黄瓜种植区，也是我国黄瓜最大生产区。

3. 华中种植区　主要包括江西省、湖北省、浙江省、上海市、江苏省、安徽省，此区主要为露地和大棚黄瓜栽培。

4. 华南种植区　主要包括广东省、广西壮族自治区、海南省、福建省、云南省，此区一年四季均可露地种植黄瓜。

5. 西南种植区　主要包括四川省、重庆市、贵州省，主要为露地及大棚黄瓜栽培。

6. 西北种植区　主要包括甘肃省、宁夏回族自治区、新疆南疆，此区黄瓜栽培基础较差，但近年来发展较大，特别是保护地黄瓜种植面积有了很大的增长，但种植技术与华北地区等地还有一定差距。

二、黄瓜的营养特性

黄瓜的养分需求特性与品种、气候条件、养分供应及生育时期有很大关系。每生产1 000千克黄瓜需要氮（N）2.8～4.5千克、磷（P_2O_5）0.8～1.1千克、钾（K_2O）3.0～4.6千克。黄瓜全生育期对养分的吸收量以钾为最多，氮次之，再次为磷。钾素有利于黄瓜雄花的形成，黄瓜的吸钾量从生育初期到采收末期一直呈直线增加，而且分配在果实中的钾素占总吸收量的60%。各生育期内养分的需求不同，一般在初花期和结瓜盛期养分需求量较高。黄瓜在结瓜盛期对氮、磷、钾三要素吸收量占总吸收量的50%～60%。

三、黄瓜缺钾症状

黄瓜缺钾症状多发生在开花结果期，表现为下位叶叶尖及叶缘发黄，渐向脉间叶肉扩展，严重时，叶片枯焦，卷缩，提早脱落，症状常从植株茎部向顶部发展。缺钾的植株矮小，节间变短，叶片小，果实发育不良，常呈头大蒂细的棒槌形（大肚瓜）等畸形果实（图4-21）。

图4-21　黄瓜严重缺钾症状　　（佚名　拍摄）

四、黄瓜施钾技术

黄瓜根系少而浅，木栓化较早，再生能力差，养分吸收能力弱，喜肥但不耐肥，因此黄瓜施肥前期以控为主，保证后期生长，施足有机肥，有机无机相结合施用。

（1）施足有机肥。用腐熟的有机肥作基肥，一方面能为黄瓜提供全面的营养，另一方面对熟化土壤，改良土性也很有好处。基肥的施用量要根据菜田土壤肥力而定，一般露地栽培每亩施用腐熟有机肥5～6吨，设施栽培每亩施用8～10吨。

（2）合理确定钾肥施用量。根据土壤供钾能力和目标产量水平确定钾肥用量。设施黄瓜的钾肥用量可参考表4-8。如果有机肥用量较大或为露地栽培时可适当减少钾肥推荐用量。一般钾肥的20%～30%作为基肥施用，其余钾肥用量在初花期和结瓜期分次追施。除土施追肥外，生长旺盛期或结瓜期还可结合打药多次喷施0.2%～0.3%的磷酸氢二钾进行根外追肥。

表4-8　不同目标产量的华北地区设施黄瓜钾肥推荐用量（千克 K_2O/公顷）

肥力等级	土壤速效钾含量（毫克/千克）	目标产量（吨/公顷）					
		<40	40～80	80～120	120～160	160～200	>200
极低	<120	120～210	200～270	435～660	550～700	—	—
低	120～160	45～120	120～200	300～435	510～550	650～800	—
中	160～200	—	45～120	210～300	390～450	510～650	600～700
高	200～240	—	—	120～210	260～350	480～510	420～600
极高	>240	—	—	50	80	100	150

第十七节　冬　　瓜

一、我国冬瓜生产概况

冬瓜又名白瓜、寒瓜、枕瓜，属葫芦科植物。冬瓜起源于中国和东印度，广泛分布于亚洲的热带、亚热带及温带地区，产量较高，耐贮存，具有消暑散热药用功效，既是盛暑季节广大消费者喜爱食用的蔬菜，又是调节夏秋蔬菜淡季的重要品种。我国冬瓜种植面积居世界第一，年播种面积20万公顷以上，主要产地分布在广东、广西、湖南、福建、江苏、浙江、四川、湖北、安徽、河南、河北等省（自治区）。我国华南地区以黑皮冬瓜为主，肉质致密；四川、江西、湖南等省以粉皮冬瓜为主，肉质较疏松、细腻。

二、冬瓜的营养特性

冬瓜产量高，对肥水的吸收量较大，耐肥力很强，据研究，每生产1 000千克冬瓜需吸收氮（N）1.0～3.6千克、磷（P_2O_5）0.6～1.5千克、钾（K_2O）1.5～3.0千克。冬瓜生长过程中，以发芽期、幼苗期养分吸收量最少，抽蔓期开始增加，开花后显著增加，果实生长发育期达到高峰。氮的吸收高峰期在开花结果期，磷的吸收高峰期在种子发育期，而钾的吸收高峰期在果实膨大期。

三、冬瓜缺钾症状

冬瓜缺钾主要表现为生长缓慢，节间短，叶片小，叶片呈青铜色，而边缘变成黄绿色，叶片黄化，严重的叶缘呈灼焦状干枯。主脉凹陷，后期叶脉间失绿且向叶片中部扩展，失绿症状先从植株下部老叶叶片出现，逐渐向上部新叶扩展。果实中部、顶部膨大伸长受阻，较正常果实短且细，形成粗尾瓜或尖嘴瓜或大肚瓜等畸形果（图4-22、图4-23）。

图 4-22　冬瓜缺钾典型症状　（鲁剑巍　拍摄）

图 4-23　结果期冬瓜缺钾典型症状　（佚名　拍摄）

四、冬瓜施钾技术

冬瓜生育期长，根系发达，并且容易产生不定根，吸收养分的能力很强。冬瓜的基肥一般以优质有机肥为主，配合少量的化肥。一般每亩施用腐熟有机肥3～4吨，或腐熟禽、畜、人粪尿1吨左右。钾肥（K_2O）的总施用量为20～30千克/亩，当有机肥用量较大时可适当减少钾肥的施用，一般总量的20%～30%与其他肥料作基肥施用，70%～80%于抽蔓前期和开花结果期追施。基肥较多的最好一半撒施一半穴施，基肥较少的可沟施或穴施。追肥以穴施或条施为宜，主要把握前轻后重、先淡后浓、勤施、薄施的原则。在采收前10～15天停止水肥供应。

第十八节　南　　瓜

一、我国南瓜生产概况

南瓜是葫芦科南瓜属的一年生植物。南瓜主要包括中国南瓜（即倭瓜）、美洲南瓜（即西葫芦）和印度南瓜（即笋瓜）。南瓜既可做菜又可代粮，是我国重要的菜粮兼用的救荒作物。中国和印度是南瓜主产国，其中中国南瓜总产量居世界第一位，栽培面积居世界第二位，远超列居第三位的喀麦隆；而且单产也较高，是印度的一倍。2013年我国南瓜种植面积为38.8万公顷，单产为18.5吨/公顷，山东、云南、河南、湖北、贵州、河北、山西等省栽培居多。

二、南瓜的营养特性

南瓜整个生育期对养分的吸收量以钾和氮最多，其次为钙，镁和磷的吸收量最少。每生产1 000千克南瓜，需吸收氮（N）3.5～5.5千克、磷（P_2O_5）1.5～2.2千克、钾（K_2O）5.3～7.3千克。不同生育期对养分吸收量不同，生育中期以前南瓜对钾、氮、钙的吸收量相差不大，而且呈逐渐增加的趋势，到生育后期即从果实膨大期开始吸收量急剧增多，但增加量以钾最多，氮次之，钙最少，南瓜对磷和镁的吸收量一直是缓慢增加。

三、南瓜缺钾症状

南瓜缺钾主要表现为老叶叶尖及叶缘变黄呈灼伤状，叶缘卷曲，叶脉间失绿，出现花叶，黄化，有小干斑，后期发展到整个叶片或全株失绿干枯，小叶枯萎，果实有枯斑，成熟不均匀，有绿色区。茎表现出褐色椭圆形斑点。根发黄，须根少（图4-24）。

四、南瓜施钾技术

南瓜是需肥量较多的蔬菜之一，要重施基肥，适时追肥。基肥以有机肥为主，配合化肥施用。常用的基肥有厩肥、堆肥或绿肥等，用量较大，一般占总施肥量的1/3～1/2，每亩施用有机肥3～4吨。钾肥全部或大部分作为基肥，并与有机肥混合一起施入土层中。基肥有撒施和集中施两种施法，肥料用量较大时采用撒施结合深耕，肥料较少时，常采用开沟集中条施或穴施。有机肥的追肥量一般占总施肥量的1/2～2/3，分别于苗期和结果

图 4-24　南瓜严重缺钾症状　　（鲁剑巍　拍摄）

期施用。钾肥一般在果实生长发育和陆续采收期间进行追施。追肥一般条施，也可进行根外追肥，于中后期喷施 0.2%～0.3%的磷酸二氢钾，7～10 天 1 次，连喷 2～3 次。

第十九节　丝　　瓜

一、我国丝瓜生产概况

丝瓜是一年生攀援葫芦科草本植物，原产于印度，目前是华东、西南、华中、华南诸省的主要夏季蔬菜之一。丝瓜不仅营养丰富，还可供药用，具有清热化痰，凉血解毒等功效。由于丝瓜适应性强，用途广，近年来栽培面积不断扩大。丝瓜分为有棱的和无棱的两类。有棱的称为棱丝瓜，无棱的称为普通丝瓜。常见品种有蛇形丝瓜（线丝瓜）和棒丝瓜（肉丝瓜）。

二、丝瓜的营养特性

丝瓜生长周期长，需肥量大，对氮、磷、钾肥需求较多。每生产 1 000 千克丝瓜，需氮（N）5.3 千克、磷（P_2O_5）0.8 千克、钾（K_2O）5.8 千克。由于丝瓜茎叶茂盛，结果多，营养生长和生殖生长并进期长，当植株转入生殖生长以后，对养分的需求量急剧增加，在结瓜盛期内养分吸收量占总吸收量的近 50%，到结瓜后期，生长速度减慢，养分吸收量减少。因此结瓜期是保证丝瓜高产的施肥关键时期。

三、丝瓜缺钾症状

丝瓜缺钾主要症状表现为叶片的叶尖和叶缘发黄，后逐渐向叶脉间叶肉扩展，严重时叶片焦枯、卷缩，果实发育受阻，大头、细腰、弯腰等畸形瓜现象时有发生（图 4-25）。

图 4-25　丝瓜缺钾典型症状　　（鲁剑巍　拍摄）

四、丝瓜施钾技术

丝瓜生长需肥量较大，幼苗期养分吸收量少，开花结果期养分吸收量较大。丝瓜大田应施足基肥，以有机肥为主，配合施用适量磷钾肥。有机肥用量一般为 300～500 千克/亩的优质有机肥或 3～5 吨/亩的腐熟农家肥。钾肥（K_2O）总施用量为 20～25 千克/亩，其中 50%与有机肥一起作基肥施用，50%于坐瓜后作追肥施用。

因丝瓜的栽培季节不同，追肥时期也有所不同。在华南地区，早春丝瓜的前期气温较低，苗期应控制肥水，提高抗寒能力，待气温回升后及时供给肥水，促进生长。春丝瓜适宜生长季节长，应持续施肥以延长生长期和结果期。夏丝瓜的生长期正值高温、长日照，容易徒长，应开花前控制施肥和灌溉，出现雌花后及时追肥，以加速生长保证结果。秋丝瓜适宜生长季节短，自开始便要加强肥水供给，加速生长与结果。

第二十节　苦　　瓜

一、我国苦瓜生产概况

苦瓜别名凉瓜，是葫芦科苦瓜属的一年生攀缘草本。苦瓜的嫩果、嫩梢、叶和花皆可菜用。苦瓜按瓜皮颜色可分为青（绿）皮苦瓜和白皮苦瓜；按果实形状可分为短圆锥形、长圆锥形和长圆筒形三类；按果实大小可分为大型苦瓜和小型苦瓜两大类型。在我国，苦瓜的栽培与食用以广东、广西、福建、台湾、海南、湖北、江西、四川、云南、贵州等地较为普遍。长江以北和长江流域各地多在夏季栽培，以白苦瓜为主。华南地区春、夏、秋均有生产，以青苦瓜为主。随着市场对苦瓜需求量的日益增加，海南、广东、广西的冬季栽培面积不断扩大，保障了周年供应。

二、苦瓜的营养特性

苦瓜在生长发育中需氮、钾较多，但氮过多会降低抗逆性，从而使植株易受病菌侵染和寒冷危害。对磷素养分的需要量不高，但对磷素缺乏较为敏感，因此磷肥要早施。总体来说，苦瓜生长前期需氮较多，生长中后期以磷、钾为主。

三、苦瓜缺钾症状

苦瓜缺钾时，植株生长缓慢，茎蔓节间变短、细弱，叶面皱曲，老叶边缘变褐枯死，并渐渐地向内扩展，严重时还会向心叶发展，使之变为淡绿色，甚至叶缘也出现焦枯状；坐果率很低，已坐的瓜，个头小而且发黄（图 4-26）。

图 4-26　苦瓜缺钾典型症状　　（鲁剑巍　拍摄）

四、苦瓜施钾技术

苦瓜种植应施足基肥，以有机肥为主配施适量磷钾肥。有机肥用量为 300～500 千克/亩优质有机肥或 3～5 吨腐熟农家肥，钾肥（K_2O）用量为 9 千克/亩，可采取沟施或穴施。苦瓜结瓜时间长，在施足基肥的基础上，还应进行追肥，追肥应按照前期轻、中期重、后期补的原则进行。苗期对养分需要量不大，一般可以不追肥。开花坐果后要施足肥料，钾肥（K_2O）用量为 5 千克/亩。第一次采瓜后可根据情况进行追肥防早衰，以延长采收期和提高商品瓜质量。除进行根部施肥外，还可用 0.2%尿素和 0.3%磷酸氢二钾进行喷施追肥。

第二十一节 菜 豆

一、我国菜豆生产概况

菜豆又称芸豆、四季豆，是我国南北广泛栽培的豆类蔬菜，为豆科菜豆属作物，以嫩荚供食。除露地栽培外，还可采用多种形式的设施栽培，可以四季生产，周年供应。菜豆依茎蔓生长习性分为蔓生种、半蔓和矮生种 3 种。蔓生种属于无限生长类型，矮生种属于有限生长类型。菜豆属短日照植物，但多数品种对日照长短的要求不严格，栽培季节主要受温度的制约，中国的西北和东北地区在春夏栽培，华北、长江流域及华南可以春播和秋播。

二、菜豆的营养特性

在各种必需营养元素中，菜豆吸钾量最多，尤其是生长初期吸收最快，其次是氮和钙。不同菜豆品种对养分需要量有区别，一般蔓生型品种的养分吸收量比矮生型多。矮生菜豆生育期短，从开花盛期进入养分旺盛吸收期，而蔓生菜豆生育期长且生长发育比较缓慢，大量吸收养分的时间开始也迟，到嫩荚伸长时才开始旺盛吸收养分，但养分吸收量大。

三、菜豆缺钾症状

菜豆缺钾植株的根瘤数少，幼嫩叶片颜色发暗，较老叶片叶尖和叶缘颜色变浅，叶脉间有褐色斑点，叶缘皱缩，叶片向里翻卷，最后斑点连成片，叶面组织焦枯（图 4-27）。

图 4-27 菜豆缺钾典型症状 （鲁剑巍 拍摄）

四、菜豆施钾技术

菜豆虽是豆科作物，但其根瘤不如大豆、蚕豆、豌豆发达，固氮能力较弱，因而基肥对于菜豆非常重要。基肥一般以有机肥为主，每亩施用农家肥 2.5～3.0 吨（或商品有机肥 350～400 千克）。钾肥一般分次施用，总用量为 9～11 千克 K_2O/亩，基肥用量为 3～4 千克/亩，其余于抽蔓期和开花结荚期追施。结荚盛期还可用 0.3%～0.4%的磷酸二氢钾叶面喷施 3～4 次，每隔 7～10 天喷施 1 次。矮生菜豆生长期短，适宜早期追肥促其早发和分枝多，开花结荚多，蔓生菜豆生育期较长，开花结荚期较长，应注重中、后期追肥，多次施用，防止植株早衰，延长结荚期。

第二十二节　豇　　豆

一、我国豇豆生产概况

豇豆别名豆角、裙带豆，为豆科豇豆属一年生缠绕性或矮生性植物。豇豆的青豆、干豆、嫩荚均可实用，且比较耐热，北方可越夏栽培，是调剂夏秋淡季的重要蔬菜。2014 年我国豇豆种植面积为 52.3 万公顷，单位面积产量为 26.9 吨/公顷，各地均有栽培，主要产区为河南、广西、湖南、四川、湖北、江苏、安徽、贵州等省(自治区)，均超过 2 万公顷，其中河南种植面积为 8.0 万公顷，广西为 5.2 万公顷。依茎的生长习性可分为蔓生型和矮生型。

二、豇豆的营养特性

整个生育期豇豆对氮的需求量最多，其次是钾，磷最少。豇豆根系发达，但根瘤稀少，其固氮能力不及其他豆类蔬菜，豇豆植株生长旺盛，生育期长，陆续开花，多次采摘，故需肥量较高。但在豇豆植株生长前期，氮素供应不宜过多，以免引起徒长。开花结荚后，植株吸收磷、钾元素的数量迅速增加，此时根瘤菌活动旺盛，固氮能力较强。

三、豇豆缺钾症状

豇豆缺钾时下部叶片的脉间黄化，并出现向上翻卷现象，上部叶片表现为淡绿色。在氮肥施用过多时，豇豆缺钾叶片颜色深，下部叶边缘黄化褐变，叶片皱缩，开花结荚少，籽粒不饱满，产量和品质均显著下降（图 4-28、图 4-29）。

四、豇豆施钾技术

豇豆忌连作，最好选择 3 年内未种过棉花和豆科植物的地块。由于根瘤菌的固氮作用，豇豆所需氮肥较少。其施肥原则是重施基肥，巧施追肥。基肥以施用腐熟的有机肥为主，配合施用适量化肥，基肥用量一般为 2.5～5.0 吨/亩，钾肥（K_2O）用量为 5～10 千克/亩。结荚后每采收一次豆荚追施一次肥料，钾肥（K_2O）用量为 2～4 千克/亩。在生长盛期，根据豇豆的生长现状，适时用 0.3%的磷酸二氢钾进行叶面施肥，对于及时补充钾素和提高豇豆产量作用明显。此外，南方地区菜园酸性土壤较多，在这些土壤上栽培豇豆，必须重视钼肥和锌肥的施用，才能使钾肥在豇豆生产中发挥更大作用。

图 4-28　豇豆缺钾典型症状　（鲁剑巍　拍摄）

图 4-29　豇豆缺钾叶片典型症状　（佚名　拍摄）

第二十三节　莲　　藕

一、我国莲藕生产概况

莲藕是我国生产面积最大、分布最广、产量最高的水生蔬菜，属于睡莲科植物莲的肥大根茎。在长江流域、黄淮流域和珠江流域都有栽培，其中以长江中下游地区栽培面积最大。莲藕主产省份有湖北、江苏、河南、四川，面积占全国的近55%，其中湖北省种植面积最大，占全国莲藕种植面积的20%左右。按栽培目的不同莲藕可分为藕莲、子莲、花莲3种类型。藕莲按栽培所需水位的深浅，可分为浅水藕和深水藕。

二、莲藕的营养特性

莲藕要求氮、磷、钾肥料三要素并重，但因品种不同也存在一定差异。子莲类型的品种，对氮、磷的要求较多；藕莲类型的品种，则氮、钾的需要量较多。据研究莲藕是喜钾作物，植株对钾素的吸收最多，氮素次之，磷最少，在鲜藕产量为1800千克/亩的条件下，平均每生产1 000千克鲜藕所需氮（N）4.28千克、磷（P_2O_5）1.66千克、钾（K_2O）6.33千克，氮磷钾的吸收比例为1∶0.38∶1.48。

三、莲藕缺钾症状

缺钾时，植株趋向萎蔫，幼苗呈匍匐状，叶脉间部分向上凸，叶片较小，叶片弯曲呈弓状；叶色变深，通常呈深蓝绿色，叶缘或脉间失绿，最初往往呈针头大小的斑点，最后发生斑块坏死，严重缺钾时叶片完全枯死，但不脱落；叶柄细长弯曲易倒伏，易感病虫害（图4-30）。

图4-30　莲藕缺钾典型症状　　（鲁剑巍　拍摄）

四、莲藕施钾技术

莲藕为喜肥作物，要求土层深厚、松软、肥沃、富含有机质的土壤，施肥以基肥为主，基肥以有机肥为主，一般施人、畜粪肥或厩肥3～4吨/亩。钾肥（K_2O）用量可控制在15～20千克/亩，产量潜力较低、收获青荷藕、或者施用有机肥较多的藕田，莲藕钾肥施用量可减少25%左右。钾肥一般分2～3次施用，基肥占60%～70%，催藕肥占30%～40%。施肥应选择晴朗无风天气，避免在烈日的中午进行。深水藕田易缺磷，因此还应重视磷肥的施用。

第五章

水果作物缺钾症状与施肥技术

第一节 苹　　果

一、我国苹果生产概况

苹果属多年生落叶果树，是我国种植面积最大的水果之一，2015 年全国种植面积和产量为 233 万公顷和 4 261 万吨，占全国水果总面积和总产量的 18.2%和 24.4%，产量居水果生产首位，种植面积仅次于柑橘类水果，居第二。我国苹果生产主要集中在渤海湾、西北黄土高原、黄河故道和西南冷凉高地四大产区。按省份划分，苹果生产主要集中在陕西、山东、河北、甘肃、河南、山西和辽宁七大苹果主产省，种植面积均超过 15 万公顷，总种植面积占全国的 86.6%。

二、苹果的营养特性

苹果树从萌芽到新梢迅速生长所需要的氮主要来自上一年储存的养分。氮的吸收高峰在 6 月中旬前后；磷的吸收在生长初期迅速达到高峰，此后一直保持旺盛水平；钾的吸收在果实膨大期达到高峰，以后吸收量迅速下降，直到生长季节结束。在年生长发育过程中，前期以吸收氮为主，中后期以吸收钾为主，磷的吸收一直保持比较平稳的状态。

三、苹果缺钾症状

苹果缺钾时枝条下部叶片叶缘失绿变黄，叶片常发生皱缩或向上卷曲，缺钾严重时，叶缘甚至整叶褐色枯焦，挂在枝上，不易脱落。缺钾叶边缘枯焦与绿色部分界限清晰，不枯焦部分仍能正常生长。果实小，着色不好，味淡，不耐贮藏（图 5-1）。

四、苹果施钾技术

保证稳定充足的贮藏养分是苹果丰产稳产的基础。与一年生植物相比，苹果根系密度小、产量水平高，要求苹果的养分管理措施应以提高果园土壤缓冲能力为核心，在保证有机肥施用的基础上，氮肥推荐采取总量控制分期调控技术，磷、钾肥推荐采取衡量监控技术，而中微量元素的养分推荐在苹果施肥管理中尤为重要，必须做到“因缺补缺”。

生产中常见的有机肥为畜禽粪，且需提前进行腐熟，一般用量为 3～5 吨/公顷。苹果园有机肥一般作基肥，施用时期最好在 9 月中旬至 10 月中旬，晚熟品种可在采收后迅速

图 5-1 苹果缺钾典型症状 （佚名 拍摄）

施用；采取放射状开沟法施用，有利于根的吸收并增加贮藏营养。

苹果的施钾量可根据目标产量和土壤速效钾含量合理确定，具体施钾量可参考表 5-1。其中 20%的钾肥作秋季基肥，40%在萌芽前后，40%在花芽和果实膨大期分次施用。

表 5-1 不同目标产量苹果钾肥推荐用量（千克 K_2O/公顷）

土壤速效钾（毫克/千克）	产量水平（吨/公顷）			
	30	45	60	75
<50	300～450	350～600	400～650	—
50～100	250～300	300～450	350～600	400～650
100～150	150～200	250～300	300～450	350～600
150～200	100～150	150～200	250～300	300～450
>200	<100	100～150	150～200	250～300

第二节 柑 橘

一、我国柑橘生产概况

我国是柑橘的重要原产地之一，柑橘种质资源丰富，优良品种繁多，有 4 000 多年的栽培历史。我国柑橘分布在北纬 16°～37°之间，南起海南省的三亚市，北至陕、甘、豫，东起台湾省，西到西藏的雅鲁藏布江河谷。但我国柑橘的经济栽培区主要集中在北纬 20°～33°之间，海拔 700～1 000 米以下。2015 年我国柑橘类水果种植面积为 251 万公顷，总产为 3 660 万吨。全国生产柑橘的有 19 个省（直辖市、自治区），其中湖南、江西、广西、广东、四川、湖北种植面积均超过 20 万公顷，种植面积占全国总种植面积的

74.5%，其次是福建和重庆，种植面积分别为19.2万公顷和17.8万公顷，海南、上海、安徽、江苏、西藏和甘肃等省份也有种植，但种植面积较小。

二、柑橘的营养特性

据研究，每生产1 000千克柑橘果实平均带走氮（N）1.76千克、磷（P_2O_5）0.24千克、钾（K_2O）2.0千克，N∶P_2O_5∶K_2O平均为3.2∶1∶4.4；此外还有大量养分储存在树体中，其数量为果实带走总量的40%～70%。尽管不同产量水平的柑橘养分吸收量不一样，但其N∶P_2O_5∶K_2O比例基本一致。

柑橘对养分的吸收表现出季节性的变化规律。研究表明，柑橘新梢发育从4月份开始迅速吸收氮、磷、钾，6月份达最高峰，7～8月份逐渐下降，9～10月份又稍下降；氮、磷的吸收在11月份处于停滞状态，而钾的吸收在12月份基本停止。果实发育过程中对磷的吸收从6月份逐渐增加，至8～9月份为高峰期，以后吸收趋于平缓；氮、钾的吸收从6月份开始增加，至8～10月份出现最高峰。可见，4～10月份是柑橘年周期中吸肥最多的时期，因此秋季施肥对柑橘的生长非常重要。

三、柑橘缺钾症状

老叶叶尖首先发黄，叶片略呈皱缩；随缺钾程度加重叶片逐渐由扭弯、卷曲、皱缩而呈杯状；新叶一般为正常绿色，但结果后期当年生叶片叶尖也会明显发黄，在高产脐橙上尤其严重。果小、着色不好，皮薄且光滑，果涩味淡。严重缺钾时，可导致叶落、梢枯、果落、果裂（图5-2、图5-3）。

图5-2 柑橘缺钾叶片典型症状 （鲁剑巍 拍摄）

图 5-3　脐橙缺钾典型症状　（鲁剑巍　拍摄）

四、柑橘施钾技术

柑橘施肥要综合考虑品种、树龄、产量水平、土壤肥力及气候因素等。简单而言，可以归纳为：以果定肥，以树调肥，以土补肥。还应增施有机肥以提高果园土壤缓冲性。在早熟品种、土壤肥沃、树龄小的果园有机肥施用量为 2～3 吨/亩；相反高产品种、土壤瘠薄、树龄大、树势弱的果园施用量要多一些，3～4 吨/亩。使用上最好结合冬耕深翻，沿树冠下环状沟施或穴施，施肥沟要每年变换位置还可结合秋刨园撒施，但幼树应避免全园撒施。

柑橘钾肥的用量可根据土壤速效钾含量和柑橘目标产量进行确定（表 5-2）。30%在秋季采果后施用，30%在 2～3 月开花前施用，40%在 6～7 月做壮果肥施用。一般成年树钾肥用量为株施 0.25～0.50 千克。还可在出现缺钾症状或关键时期采用 0.5%硝酸钾或硫酸钾溶液，或 1%～3%草木灰浸出滤液，或 0.3%～0.5%磷酸二氢钾叶面喷施，5～7 天 1 次，连续 2～3 次。

表 5-2　不同目标产量的柑橘钾肥推荐用量（千克 K_2O/亩）

土壤速效钾（毫克/千克）	产量水平（吨/亩）			
	<1.5	1.5～2.0	2.0～2.5	>2.5
<50	>16	>20	>24	>28
50～100	16	20	24	28
100～150	12	16	20	24
>150	<8	8～12	10～16	16～20

第三节　梨　　树

一、我国梨生产概况

梨属蔷薇科梨属植物，多年生落叶乔木果树，中国是世界上最大的梨果生产国，栽培面积和产量虽居世界之首，但单产较低。梨在我国落叶果树中居第3位，排在苹果和柑橘之后，2015年我国梨的种植面积为112万公顷，产量达到1 870万吨。梨树在我国广为分布，全国除海南和港澳地区外，各省份均有栽培，河北是我国第一产梨大省，种植面积和总产均居第一，其余种植面积较大的省份还有辽宁、四川、新疆、河南、云南、贵州，种植面积均超过50万公顷。中国栽培的梨树品种，主要分属于秋子梨、白梨、砂梨、洋梨4个系统，鸭梨和雪花梨是我国传统的2个主栽梨品种。

二、梨树的营养特性

梨树同其他果树相比，产量高，因而需肥也较多。在氮、磷、钾三要素中，幼树需氮较多，其次是钾，磷较少，约为氮量的1/5；结果后，吸收的氮、钾比例与幼树基本相似，但磷的吸收量增加，约为氮量的1/3。据研究每生产1 000千克果实，吸收氮（N）4～6千克、磷（P_2O_5）1.0～2.5千克、钾（K_2O）4～6千克。

三、梨树缺钾症状

梨树缺钾新梢枝条细弱柔软，抗性减弱；下部叶片由叶尖边缘逐渐向下叶色变黄，坏死，部分叶片叶缘枯焦，整片叶子形成杯状卷曲或皱缩（图5-4）。

图5-4　梨树严重缺钾症状　　　　（鲁剑巍　拍摄）

四、梨树施钾技术

梨树喜肥性强、需肥量较大，施肥时应坚持“平衡施肥、估产施肥、增施有机肥”的原则。基肥应以有机肥为主，配合使用化肥，在秋季（10 月中下旬）施用。早熟的品种在果实采收后进行，中晚熟的品种可在果实采收前进行。钾肥分 3 次施用，其中基肥占 50%，其余于花芽分化前（6 月上中旬左右）和果实膨大期（7 月上旬）追施。此外，根据梨树生长状况还可酌情进行根外追肥。

梨树的施肥方法以树的大小而定，树体较小时一般采用环状施肥，成年梨树最好采用全园施肥，结合中耕将肥料翻入土中。由于梨树的根系主要集中在 20～60 厘米的土层中，且根系的生长有明显的趋肥性，对于有机肥和磷、钾肥最好施入 20～40 厘米的土壤深层，以提高根系分布的深度和广度，增强梨树的吸收，提高其抗旱能力和树体的固地性。

第四节　桃　　树

一、我国桃生产概况

桃属多年生落叶果树，我国是世界上桃生产量最大的国家，2015 年种植面积为 83 万公顷，年产量达 1 364 万吨，产量和种植面积均居世界首位。桃在我国南北方地区普遍栽培，目前在华北、华东、华中、西北地区进行规模化栽培。南方桃产区更适合发展早、中熟品种；而北方桃产区发展中、晚熟品种具有优势；西北的陕甘桃产区发展早、中、晚熟品种都有优势。主产省份有山东、河北、河南、湖北，种植面积均超过 5 万公顷，占全国种植面积的 42.6%，产量占全国的 50.1%。桃种类多，分为普通水蜜桃、油桃、蟠桃、油蟠桃、加工桃及观赏桃。

二、桃树的营养特性

桃树结果早，寿命短，较苹果、梨等果树耐土壤瘠薄。桃树对钾的需求量最大，氮次之，磷较少。不同成熟期的品种间氮、磷、钾养分的吸收水平有所差异，据研究每生产 1 000 千克桃需要吸收氮（N）3～6 千克、磷（P_2O_5）1～2 千克、钾（K_2O）3～7 千克。桃树在年周期中，对氮、磷、钾养分的吸收动态，一般是 6 月上旬开始增强，随果实的生长，养分吸收量不断增加；至 7 月上旬果实膨大期养分吸收量急剧上升，尤其是钾的吸收量增加更为明显；7 月中旬三元素吸收量达到高峰，直到采收前才稍有下降。

三、桃树缺钾症状

桃树缺钾症最先出现在新梢中部成熟叶片，逐步向上部叶片蔓延。通常为叶尖先枯死，然后扩展到叶缘，叶变皱且卷曲，严重时叶片出现裂痕，叶背颜色呈淡红或紫红色，坏死脱落；新生枝生长纤弱，花芽形成少，产量下降（图 5-5）。

图 5-5　桃树缺钾症状　　（鲁剑巍　拍摄）

四、桃树施钾技术

针对桃树的具体情况，提出以下几个施肥原则：①追肥的施用时期因树区别对待，早熟品种可早施，晚熟品种晚些。一般，中晚熟品种在 6 月中下旬追施，早熟品种追肥时期可提前到 4 月下旬至 5 月上旬；②弱树应以新梢旺长前（即春季）和秋季施肥为主；③旺长无花树应以春梢和秋梢停长期追肥为主，并且尽量减少土壤追肥，增加根外追肥；④结果太多的大年树应加强花芽分化期和秋季的追肥；结果很少的树应注重前期和秋季追肥；⑤丰产稳产树应以秋季为主，可在萌芽前后（或开花前后）、花芽分化期、果实膨大期少量补充。

桃园有机肥作为基肥于秋季落叶前 1 个月施用，以提高果园土壤缓冲性，其一般用量为 2～4 吨/公顷，有机肥的施用方法主要有辐射沟法和环状沟法，施肥沟要每年变换位置，还可结合秋刨园撒施，但幼树应避免全园撒施。

桃树钾肥的用量可根据土壤速效钾含量、目标产量及品种进行确定（表 5-3）。桃树进入盛果期后应增施钾肥。一年中，春夏多施钾，一般在萌芽期、硬核期和养分回流期分 3 次施入，分配比例为 10%、40%和 50%。作为基肥施入的钾肥采用开沟土施，开沟方法有环状、条状、放射状，将肥料与有机肥混合均匀拌土施入沟内，盖严，追肥可采用穴施或环状撒施，方法同上。

表 5-3　不同目标产量的桃钾肥推荐用量（千克 K_2O/公顷）

品种	产量水平（吨/公顷）	土壤速效钾（毫克/千克）				
		极低（＜50）	低（50～100）	中（100～150）	高（150～200）	极高（＞200）
早熟品种	20	173	138	92	58	46
	30	259	207	138	86	69
	40	346	276	184	15	92
中晚熟品种	20	202	161	108	67	54
	30	302	242	161	101	81
	40	403	323	215	134	108
	50	—	403	269	168	134
	60	—	484	232	202	161

第五节　葡　　萄

一、我国葡萄生产概况

葡萄又称提子，为落叶的多年生攀缘植物。我国葡萄的种植面积和产量在世界列第五位，鲜食葡萄栽培面积和产量居世界首位。2015 年我国葡萄种植面积为 80 万公顷，总产量达1 367万吨，在我国果树中种植面积和产量均位列第五。葡萄在我国各地区普遍栽培，是分布最广的水果之一，在我国主要分布在东北、华北、西北、和黄淮海地区，华南也有一定的分布。主产省份为新疆和河北，种植面积占全国的 29.6%，产量占全国的 32.3%。根据葡萄用途可分为鲜食葡萄和酿酒葡萄。鲜食葡萄中，主要有巨峰、红地球、玫瑰香、藤稔、夏黑、无核白鸡心和无核白等优新品种，酿酒葡萄中，赤霞珠、梅鹿辄、霞多丽和西拉核白等主栽品种。

二、葡萄的营养特性

葡萄是喜肥水果，对养分吸收量大，一年中各个生长发育阶段不同，所需的元素和数量也不一样。从萌动、开花至幼果初期需氮最多，约占全年需氮量的 64.5%。磷的吸收则是随枝叶生长、开花坐果和果实增大而逐渐增多，到新梢生长最盛期和果粒增大期达到高峰。钾的吸收虽从展叶抽梢开始，但以果实肥大至着色期需钾最多。葡萄是一种喜钾浆果。

三、葡萄缺钾症状

早期症状为正在发育的枝条中部叶片叶缘失绿，绿色葡萄品种的叶片颜色变为灰白或黄绿色，而黑红色葡萄品种的叶片则呈红色至古铜色，并逐渐向脉间伸展，继而叶向上或向下卷曲。严重缺钾时，老叶出现许多坏死斑点，叶缘枯焦、发脆、早落；果实小，穗紧，成熟度不整齐；浆果含糖量低，着色不良，风味差（图 5-6、图 5-7）。

图 5-6　葡萄植株缺钾症状　（鲁剑巍　拍摄）

图 5-7　结果期葡萄缺钾症状　（鲁剑巍　拍摄）

四、葡萄施钾技术

为了确保葡萄高产、优质，合理施用基肥很重要，基肥通常采用腐熟的有机肥（厩肥、堆肥等）在葡萄采收后立即施入，并配合适量化肥。有机肥的用量根据各地经验，腐熟的鸡粪、纯羊粪可按葡萄产量与施肥量之比 1∶1 的标准施用；厩肥（猪、牛圈肥）养分全、肥效长，应掌握在 1 千克果 2～3 千克肥的标准施用；商品有机肥或生物有机肥等高浓度肥料可按 1/2 或 1/3 比例酌减；丰产优质葡萄园有机肥的施用量以不超过 45 吨/公顷为好。

钾肥的用量根据目标产量和土壤速效钾含量不同而不同（表 5-4）。钾肥在采收后、幼果膨大期和浆果期分 3 次施入，分配比例为 50%、25%和 25%。

表 5-4　不同目标产量葡萄钾肥推荐用量（千克 K_2O/公顷）

肥力等级	土壤速效钾（毫克/千克）	产量水平（吨/公顷）					
		10	15	25	30	35	45
极低	<60	210	320	520	620	740	950
低	60～100	158	240	390	465	555	713
中	100～150	105	160	260	310	370	475
高	150～200	53	80	130	155	185	238
极高	>200	35	53	87	103	123	158

第六节　猕 猴 桃

一、我国猕猴桃生产概况

猕猴桃是一种浆果类藤本果树，原产于我国长江流域，2015 年我国种植面积为 18.0 万公顷，产量达 219 万吨，种植面积与年产量均居世界第一位。我国猕猴桃主要分布于陕西、四川、河南、湖南、贵州、重庆、浙江、湖北等省份，其中，陕西、四川是最集中分布的省份，两省猕猴桃种植面积占全国的 55.1%，产量占 66.8%，相应形成了我国最重要的猕猴桃种植和产业的聚集带。原产于我国的猕猴桃共有 59 个种，其中在生产上有较大栽培价值的有中华猕猴桃、美味猕猴桃两种。

二、猕猴桃的营养特性

猕猴桃生长旺盛，枝叶繁茂，结果多而早，需消耗大量养分。猕猴桃喜钾、氯、铁，应注意这 3 种养分的充足供应。据研究，每生产 1 000 千克果品需吸收氮（N）1.84 千克、磷（P_2O_5）0.24 千克、钾（K_2O）3.2 千克，其养分吸收比例为 1∶0.13∶1.74。

三、猕猴桃缺钾症状

缺钾的最初症状是萌芽时长势差，叶片小，随着缺钾加重，叶片边缘向上卷起，支脉间的叶肉组织向上隆起，叶片从边缘开始褪绿，褪绿由叶脉间向中脉扩展，多数褪绿组织变褐坏死，叶片呈焦枯状，直至破碎、脱落；果实数量和大小都受到影响而减产（图 5-8）。

图 5-8　猕猴桃缺钾叶片典型症状　　（鲁剑巍　拍摄）

四、猕猴桃施钾技术

猕猴桃的施肥主要有采果后的基肥及萌芽肥和壮果促梢肥。一般提倡秋施基肥，采果后早施比较有利。适宜时期是 10～11 月，施用量应占全年施肥量的 60%，如果在冬、春施可适当减少。基肥以有机肥为主，配合施入适量化肥，基肥施肥方法主要采用全面撒施或挖沟施肥，施肥后及时灌水一次。

因树龄不同追肥量和追肥时间也有所不同。幼树期追肥采用少量多次的方法，一般从萌芽前后开始到 7 月。成年树期追肥注重萌芽肥和壮果促梢肥。萌芽肥一般在 2～3 月萌芽前后施入，以速效氮肥为主，配合钾肥等，采取全园撒施或围绕每株树体施用，施后灌溉春水 1～2 次。壮果促梢肥一般在落花后的 6～8 月施用，可根据树势、结果量酌情追施 1～2 次，该期施肥应氮、磷、钾配合施用，用量少于萌芽肥，施后全园浇水一次。除根部施肥外还可在出现缺钾症状或关键时期采用 0.5%～1%硫酸钾或 1%～5%草木灰或 0.3%氯化钾溶液进行叶片喷施。

第七节　枣　　树

一、我国枣树生产概况

枣树原产于我国，是主要木本粮食树种。结果早，经济寿命长，适栽地广，适应性强，分布全国各地，以山西、河北、安徽、山东、河南、陕西、甘肃等地最多。目前我国枣树种植面积超过150万公顷。枣树品种颇多，分类方法也较多，最常用的分类方法是按用途分类可分为制干品种（金丝小枣、稷山板枣、灵宝大枣）、鲜食品种（冬枣、梨枣）、兼用品种（鸣山大枣、骏枣、灰枣）、蜜枣品种（义乌大枣、灌阳长枣）。

二、枣树的营养特性

枣树需肥量大，每生产1 000千克鲜枣需吸收氮（N）15～20千克、磷（P_2O_5）5～8千克、钾（K_2O）20～30千克。枣树各个生长期对营养元素的要求不同，萌芽期到开花期对氮素要求较高，前期枝叶生长至花蕾发育对氮的要求迫切；幼果期至成熟期前，为果实和根系生长高峰时期，以氮磷钾三要素为主；果实成熟至落叶前，树体主要进行养分积累储藏，根系对养分的吸收显著减少。

三、枣树缺钾症状

枣树缺钾时叶缘和叶尖失绿、呈棕黄色或棕褐色干枯，发病症状从枝梢的中部叶开始，随着病势的发展向上、下扩展（图5-9）。

图5-9　枣树缺钾叶片典型症状　　（鲁剑巍　拍摄）

四、枣树施钾技术

枣树的施肥量受到多种因素的影响，一般以施氮（N）37.5千克/亩、磷（P_2O_5）25.0千克/亩、钾（K_2O）32.5千克/亩为宜。基肥以有机肥为主，配合部分化肥，一般成龄大树每株应有100～150千克的有机肥做基肥施用，最佳施用时间为秋季果实采收前后。追肥以速效肥为主，一般成龄枣树每株应施氮（N）0.9～1.2千克、磷（P_2O_5）0.3～0.5千克、钾（K_2O）0.5～0.8千克。一般追肥分3次，分别于萌芽前、开花前和幼果期进行。萌芽期追肥一般于4月进行，以氮肥为主，花期追肥一般在5月下旬进行，以磷钾肥为主，氮磷钾混合施用。果期追肥一般在7月上中旬进行，枣树坐果后以氮磷钾肥配合施用为主。对于结果多的丰产树或丰产田，还应注意果实生长后期追肥，以促进果实膨大和品质提高，增加树体营养积累，保证高产稳产。

第八节　荔　枝

一、我国荔枝生产概况

荔枝原产于中国南部，是亚热带果树，多年生常绿乔木。我国是世界第一荔枝生产大国，2015年我国荔枝种植面积为54万公顷，总产量为231万吨，分别占全世界的80%和70%左右。我国荔枝的生产区域主要分布在西南部、南部和东南部，包括广东、广西、福建、海南、四川、台湾、云南等地，尤其是广东和广西栽培最盛，广东种植面积和产量占全国总种植面积和总产量的50.7%和55.5%。荔枝有早熟（如三月红、状元红等）、中熟（妃子笑、桂味、糯米糍等）、晚熟（如怀枝等）品种，品种间产量水平差异较大。

二、荔枝的营养特性

一般认为荔枝对养分的吸收有两个高峰期：一是2～3月份抽发花穗和春梢期，气温逐渐回升，树体生长加快，对氮、磷等主要养分的需求比较迫切；二是5～6月份果实迅速生长期，对氮的吸收达到最高峰，对钾的需求也逐渐加剧，如果养分不足，易造成落花落果。

三、荔枝缺钾症状

荔枝缺钾首先是叶片褪绿，叶尖出现焦枯，继而沿叶缘向基部发展，成龄叶提早脱落，坐果少；严重缺钾时植株矮小，根系发育受阻（图5-10）。

四、荔枝施钾技术

开花期、果实生长期及果实采收后的养分回流期是土壤养分管理和施肥的关键期。荔枝树的施肥技术要点是重施基肥、抓好两次追肥。基肥以有机肥为主，配施适量氮磷钾化肥。早熟品种、挂果少的树、青壮年树，可在采果后半个月至一个月施肥；晚熟品种、结果多的树、弱树、老树，或适龄结果树，在采果前10～15天施肥。有机肥用量为1.5～3.5吨/公顷，盛果树每产果100千克应施氮（N）0.8千克、磷（P_2O_5）0.4千克、钾（K_2O）0.7千克。促花肥一般在1月份开花前10～20天进行。壮果肥宜在开花后至第二次生理性落果前即4～5月份进行。可土施也可用0.3%磷酸二氢钾溶液喷施，必要时可喷洒多元液体微肥溶液，以防出现中微量元素缺乏症，对荔枝丰产有一定的效果（表5-5）。

图 5-10　荔枝缺钾典型症状　　（姚丽贤　拍摄）

表 5-5　不同目标产量荔枝钾肥推荐用量（千克 K_2O/公顷）

树龄（年）	土壤有机质含量（%）		
	<1.0	1.0～2.5	2.5～4.0
1～3	450	400	350
4～8	600	550	500
>8	800	700	650

第九节　香　　蕉

一、我国香蕉生产概况

香蕉是芭蕉科芭蕉属多年生常绿草本植物，是热带、亚热带地区的重要水果之一。香蕉是我国重要的水果作物之一，其种植面积位居我国水果种植面积的第七位。2015 年我国香蕉种植面积为 41 万公顷，产量为 1 247 万吨。中国香蕉主要分布在广东、广西、台湾、云南、海南和福建，贵州、四川、重庆也有少量栽培，其中广东省的种植面积和产量占全国总种植面积和产量的 32.1%和 36.2%。根据假茎的颜色、叶柄沟槽和果实形状来划分可将香蕉简单分为香牙蕉（香蕉）、大蕉、粉蕉和龙牙蕉四大类。根据植株高度和果实特征，又可将香牙蕉分为矮、中、高 3 种类型香牙蕉。

二、香蕉的营养特性

香蕉是一个典型的喜钾果树，需钾量最多，氮次之，磷最少。不同香蕉品种全生育期氮、磷、钾吸收比例大致相同，平均为 1∶0.19∶2.33。香蕉各生育阶段的吸肥量，第一造以孕蕾期为最多，第二造以果实发育成熟期为最多，此期氮、磷、钾吸收量约占全生育期的 40%～50%。

三、香蕉缺钾症状

香蕉缺钾症状以叶片表现最为明显。一般表现为绿叶数减少，老叶上出现黄褐色斑点，接着迅速枯死，叶片寿命变短，叶的中脉从叶尖向基部弯曲，严重缺钾时，叶片呈现枯焦撕裂及倒挂的现象。蕉株生长矮小，地下茎小，根系生长受阻，支根少而细长，根毛也少，开花期延缓，有的延迟 1～2 个月，果实细小，果皮容易变黑，果实耐贮性明显下降（图 5-11、图 5-12）。

图 5-11　香蕉严重缺钾植株症状　　（鲁剑巍　拍摄）

图 5-12　香蕉缺钾叶片典型症状　　（鲁剑巍　拍摄）

四、香蕉施钾技术

香蕉的施肥原则是早期多施，勤施、薄施、重点施，氮、磷、钾肥配合施用，增施有机肥，有机无机肥配合施用。在施肥时期上应把握新老蕉园有别的原则，对新植蕉园以施促苗肥、攻蕾肥、促蕾肥和壮果肥为主，在冬季温度较低地区还应考虑补充过冬肥和回暖肥；对宿根蕉园施肥，重点施攻芽肥、攻蕾肥、促蕾肥和壮果肥。

有机肥大部分做基肥，其商品有机肥施用量为 3～5 吨/公顷，腐熟禽粪类有机肥用量为 7～10 吨/公顷，具体用量根据蕉园的有机质含量、质地和目标产量而定。钾肥基本都作追肥施用，其在整个生育期的分配应按照植株的养分吸收规律进行，现蕾前施用 35%，花芽分化和抽蕾期施用 35%，果实发育期施用 30%。

第十节　菠　　萝

一、我国菠萝生产概况

菠萝又名凤梨，是我国热带、亚热带地区重要水果，也是我国外销创汇的名果品之一，其产量和种植面积均居世界前列。2015 年我国种植面积达 6.0 万公顷，产量为 150 万吨，主要栽培地区有广东、海南、广西、台湾、福建、云南等省（自治区），其中广东栽培面积占全国的 55.8%。菠萝栽培品种约有 70 个，根据其形态、叶刺和果实特性，分卡因、皇后、西班牙和杂交种四类。

二、菠萝的营养特性

菠萝吸收的养分以钾最多，氮居中，磷最少，对氮（N）、磷（P_2O_5）、钾（K_2O）吸收比例平均为1∶0.28∶1.92。菠萝出现2次氮磷钾的快速累积期，分别是旺盛生长期和果实膨大期。

三、菠萝缺钾症状

菠萝缺钾茎叶不坚韧，叶片窄而薄，叶尖枯焦卷曲，叶色暗淡，吸芽少；果实不饱满甚至畸形，冠芽丛生，含糖量低，果色淡，香味差，不耐贮运（图5-13）。

图5-13　菠萝缺钾典型症状　（佚名　拍摄）

四、菠萝施钾技术

菠萝从定植到成熟，一个生长周期历时16～23个月，可收获2～3造果，其生长周期长、需肥量大。施肥原则是施足基肥，以有机肥为主配合施用适量化肥；营养生长期的施肥量占总量的80%以上。进入生殖生长期根基追肥每年2～4次。

（1）花芽分化肥。于11月份施入，以磷钾肥为主，适当控制氮肥的用量。可用1∶1∶1的尿素、磷酸氢二钾、硝酸钾进行根外追施，或用1%～2%的硫酸钾或5%的草木灰浸出液叶面喷施。

（2）促蕾肥。于抽蕾之前（12月至翌年2月）施足促蕾肥。此期以磷肥为主，配施适量氮钾肥，开沟或穴施于行株间，然后培土。

(3) 壮果催芽肥。4～5 月施入，此期可以施用中量氮、高量钾的肥料，以促进果实膨大，改善果实品质。

(4) 壮芽肥。7～8 月采果后施入。此时正造果已采完，二造果将成熟，母株上的吸芽迅速成长，需要较多的养分供应。此期应以速效液体氮肥为主。

第十一节 芒 果

一、我国芒果生产概况

芒果是漆科芒果属的热带常绿果树，素有“热带水果之王”的称誉。我国是世界芒果的主要生产国之一，据农业部发展南亚热带作物办公室统计数据，2010 年全国芒果种植面积 12.90 万公顷，总产量达 90.64 万吨。种植区域主要分布于台湾、海南、广西、广东以及云南、四川、福建、贵州等省（自治区）的热带、亚热带地区。芒果的种类主要有鸡蛋芒（青芒果）、台农芒（黄芒果）、象牙芒、红金龙、腰芒和红皮芒，其中台农芒和腰芒的质量更好。

二、芒果的营养特性

芒果树体高大，根系发达，需养分量大。芒果树体营养生长需氮量多，其次是钾，果实生长需钾多，其次是氮，吸收的总养分以钾最多，氮居中，磷最少。氮（N）、磷（P_2O_5）、钾（K_2O）吸收比例平均为 1∶0.28∶1.13。

三、芒果缺钾症状

芒果缺钾叶片小，薄而渐尖。老叶上出现不规则的黄色小斑点，病斑沿叶缘扩展，使叶缘、叶尖呈褐色坏死，但坏死仅限于叶缘，不会向整叶扩展，灼烧状叶片可在树上留存数月，不易脱落（图 5-14、图 5-15）。

四、芒果施钾技术

芒果的施肥原则是既改善树体养分，又能培肥地力，既要取得显著经济效益，又要使芒果树持续稳产、高产。芒果树施肥一般分幼树施肥和结果树施肥。

(1) 幼树施肥。芒果植后 2～3 年为幼树期，施肥以勤施、薄施为原则，当年 1～2 个月追肥 1 次，全年 5～6 次，第 2～3 年梢肥追施 1～2 次，全年 6～8 次，至 11 月停肥。当年 N、P_2O_5、K_2O 肥用量分别为 75 克/株、75 克/株、60 克/株，第 2～3 年用量可增至 0.15～0.2 千克/株、0.2 千克/株、0.2 千克/株。每年有机肥可施用 3～4 次，用量为每次 20 千克/株。

(2) 结果树施肥。芒果结果树施肥主要在 4 个时期：

基肥：采果前后施用，以有机肥为主，配施速效肥料，施肥约为全年总量的 35%～40%。

催花肥：于 10～11 月施用，以钾肥为主，用量为 0.3～0.6 千克 K_2O/株，约占全年

图 5-14　花期芒果缺钾叶片症状　　　　（佚名　拍摄）

图 5-15　结果期芒果缺钾叶片症状　　　　（佚名　拍摄）

的20%。

壮花肥：1～3月为花蕾发育和开花抽梢期，以植株50%的末级枝梢现蕾时开始施肥为宜。施肥约占全年总量的20%。

壮果肥：3～4月是果实和春梢迅速生长发育的时期，以施用氮钾肥为主，施用量约占全年总量的10%～15%。

第十二节 草　　莓

一、我国草莓生产概况

草莓是多年生宿根性草本植物，鲜美可口，冬春上市，适应性强，是栽培最多的小浆果。中国草莓的栽培面积突飞猛进，1999年产量超过了一直居世界第一位的美国，2014年我国草莓产量达到311.3万吨，单产为27.5吨/公顷，种植面积为11.3万公顷，草莓的年产量和栽培面积均超过了世界总量的1/3，稳居世界第一位。我国各省（直辖市、自治区）均有草莓栽培，草莓产区可划分为秦岭和淮河以北的北方区，秦岭与淮河以南的长江流域区和南岭以南的华南区三大区域。目前河北省和辽宁省是全国最大的草莓产区，其次是山东、江苏、上海、浙江、四川、吉林等。

二、草莓的营养特性

草莓吸收的养分以钾最多，氮居中，磷最少，一般认为，每生产1 000千克草莓需要吸收氮（N）3.1～6.2千克、磷（P_2O_5）1.4～2.1千克、钾（K_2O）4.0～8.3千克。草莓对养分的吸收量，随生长发育进程而逐渐增加，尤其在果实膨大期、采收始期和采收旺期吸肥能力特别强。草莓一生中对钾和氮的吸收特别强，在生育前期以吸收氮素为主，在采收旺期对钾的吸收量要超过对氮的吸收量，整个生长过程对磷的吸收均较弱。

三、草莓缺钾症状

缺钾的症状常发生于新成熟的上部叶片，叶片边缘常出现黑色、褐色和干枯，继而呈现为灼伤症状，还在大多数叶片的叶脉之间向中心发展，老叶叶片受害严重，缺钾草莓的果实颜色浅、味道差（图5-16）。

四、草莓施钾技术

草莓栽植密度大，是一种很不耐肥的草本水果，又有陆续开花结果的习性，且采收期长，因此草莓应施足基肥，少量多次追肥，同时结合浇水进行施肥以满足草莓全生育期的生长发育需要。肥料的施用量要根据土壤肥力和草莓的目标产量而确定。一般低肥力土壤，有机肥用量为3.0～3.5吨/亩农家肥或450～500千克/亩商品有机肥，钾肥（K_2O）用量为9～11千克/亩；中肥力土壤，有机肥用量为3.0～3.5吨/亩农家肥或400～450千克/亩商品有机肥，钾肥（K_2O）用量为8～10千克/亩；高肥力土壤，有机肥用量为2.5～3.0吨/亩农家肥或350～400千克/亩商品有机肥，钾肥（K_2O）用量为7～9千克/亩。基肥以有机肥为主，配施适量化肥。钾肥一般25%～40%作基肥施用，60%～75%

图 5-16　草莓缺钾典型症状　　（鲁剑巍　拍摄）

于花期和果实膨大期分多次施用。同时可根据需要在生长中后期叶面喷施 0.2%～0.3% 磷酸二氢钾 2～3 次。另外草莓对氯非常敏感，施含氯化肥过多会严重影响它的品质。因此，要控制含氯化肥，如氯化钾的施用。

第六章
特产作物缺钾症状与施钾技术

第一节 烟　草

一、我国烟草生产概况

烟草属一年生日照草本茄科植物，具有适应性广、可塑性强等特点，是一种产量与品质并重的叶用经济作物。目前我国烟草种植面积、产量等均居世界第一，烟草是我国重要的经济作物之一，经济效益较高。2015 年我国烟草种植面积为 131 万公顷，总产为 283 万吨。国内各省烟草产区分布广泛，普遍栽培的烟草仅有普通烟草（红花烟草）和黄花烟草 2 种。国内烟草以云南、贵州、河南、山东、安徽、江西、湖南、湖北和四川等省种植面积及产量较高。

我国主要种植的烟叶类型有烤烟、晾烟、晒烟、白肋烟和香料烟等基本类型，在所有烟草类型中，烤烟种植最为广泛。我国是全球生产烤烟最多的国家，为了满足烟草生产对环境条件的要求，国内各地依据移栽时间不同，将其分为春烟、夏烟、秋烟和冬烟 4 种：春烟在 3 月浸种育苗，5 月移栽，主要集中在河南、山东、湖北、四川、云南等省；夏烟多在 4 月浸种育苗，6 月底、7 月初移栽，主要集中在北方省份，如内蒙古和东北三省；秋烟在各地区都有种植，但面积较小，多数是农民在春季作物收获后小规模的种植，冬烟在 12 月底播种，翌年 2、3 月底移栽，主要集中在广东、广西、福建等省份。

二、烟草的营养特性

钾素营养对改善烟草品质作用十分显著，钾对烟叶品质的作用比对产量的影响还重要。由于钾能够促进糖的积累，因而能改善烟叶的燃烧性。钾还能显著降低烟叶中尼苦丁的含量，极显著地减少总颗粒物质和氰化物的含量，从而减少烟气对人体的危害程度。此外钾含量高的烟叶呈橘黄色，油分足，弹性高。

烟草是喜钾作物，对钾的需求较高，氮次之，磷最少。以烤烟为例，每形成 100 千克烟叶需氮（N）2～3 千克、磷（P_2O_5）0.6～1 千克、钾（K_2O）4～6 千克，N：P_2O_5：K_2O 为 1：0.3～0.5：2～3，因此与其他作物比，烟草对钾有特别高的需求，在轮作中应重点把有限的钾肥施用于烟草上。不同类型的烟草对氮、磷、钾等养分的吸收量差异较大（表 6-1），白肋烟吸收钾素最多，烤烟次之，晒烟最少，因此，在生产上应针对不同类型烟草的需肥特点施肥。

表 6-1　几种类型烟草养分吸收量比较（干重，%）

烟草类型	氮（N）	磷（P_2O_5）	钾（K_2O）	钙（CaO）	镁（MgO）
白肋烟	3.40	0.71	5.44	6.45	1.16
烤烟	2.43	1.05	4.55	3.05	0.70
晒烟	0.77	0.66	1.32	1.73	0.67

不同生育阶段烟草对钾的吸收量不同。返苗期烟株生长缓慢、叶面积小，光合产物也少，对养分的吸收较少，约占总生育期的10%左右。团棵期吸收量比返苗期有所增加，吸钾量约占总生育期的20%左右。旺长期是吸收养分最旺盛的时期，吸钾量达到60%，是吸钾高峰期，旺长期以后到成熟烟株对钾的吸收明显下降，吸收量仅占10%左右。

三、烟草缺钾症状

烟草缺钾首先在叶尖部出现黄色晕斑，随缺钾症加重，黄斑扩大，斑中出现坏死的褐色小斑，并由尖部向中部扩展，叶尖、叶缘出现向下卷曲现象，严重时坏死枯斑连片，叶尖、叶缘破碎。烟株早期缺钾，在幼小植株上，症状先出现在下部叶片上，叶尖发黄，叶前缘及叶脉间产生轻微的黄色斑纹、斑点，随后沿着叶尖叶缘呈V形向内扩展，叶缘向下卷曲，并逐渐向上部叶扩展。田间缺钾症状，大多在进入旺盛生长的中后期，在上部叶片首先出现，除严重缺钾外，下部叶片一般不出现缺钾症。在生长迅速的植株上，症状出现迅速并在氮素过多时会更为严重（图6-1）。

图6-1　烟草缺钾（左）典型症状　　（鲁剑巍　拍摄）

四、烟草施钾技术

优质烟叶的含钾量要求达到3%以上，而目前我国烟叶的含钾量很少超过2%，提高烟叶的含钾量是改善烟叶质量的一个重要任务，因此烟草钾肥的施用尤为重要。关于烟草肥料施用总的原则是有机与无机相结合，硝态氮与铵态氮相结合，基肥与追肥相结合，地下与地上相结合，大量元素和中、微量元素相结合，以达到营养的协调与均衡。一般情况下钾肥适宜用量是根据氮肥用量来确定的，正确地确定氮肥用量，要根据使用的栽培品种、土壤肥力状况、肥料种类和土壤与肥料中氮素的利用率来确定。烟草对钾的吸收是三要素中最多的，为氮的1.5～2.0倍。根据理论数据，结合各地的实际情况，钾肥的施用量一般控制在施氮量的1.5～3.0倍。一般认为钾肥分基肥和追肥施用比一次性基施效果好，且需要深施。基肥主要有条施和穴施，最主要的是条施，一般移栽前开沟条施，或结合起垄条施，穴施则是将肥料在烟株移栽前直接施于穴内。追施的方法主要有根部施肥和叶面喷施，烟株对叶面喷施的养分具有吸得快、吸收利用率高等特点，叶面吸收的养分能迅速运转至烟株其他部位。叶面喷洒时可用0.2%磷酸二氢钾溶液进行喷雾，雾点越细效果越好。空气干燥时，还应降低浓度以防烧伤叶片。喷洒的时间，以下午近傍晚时为佳。喷洒时将喷头向上，喷洒在叶背面，效果更好。有机肥在施用时可全部用做基肥，或1/2～2/3与其他肥料一起基施。有机氮的比例以占总施氮量的25%左右较为适宜。施用有机肥时，一是应尽量不用含氯量高的人畜粪尿，避免烟株吸氯过多，造成烟叶黑灰熄火，品质低劣，二是堆肥经过发酵和降雨淋溶，使含氯量降至适宜值后方可适量施用。烟草虽为氯敏感作物，但生产上含氯肥料并非绝对禁用，在不同烟区应该区别对待。北方烟区，土壤中的氯本底值较高，因此应该限制氯化钾等含氯肥料的施用；而南方烟区，由于雨量充沛，土壤中氯的含量较低，有的地区甚至缺氯，可适量施一些氯化钾。

第二节　茶　　叶

一、我国茶叶生产概况

中国是茶叶的故乡，是最早发现并利用茶叶的国家，也是世界上最大的茶叶生产、消费和出口大国。中国茶区辽阔，有近一半面积的土地适于茶叶种植。目前，全国有19个省、直辖市、自治区产茶，从北面的山东半岛到南面的海南，从东面的台湾到西面的西藏东南部都可以发现茶树的身影。2014年我国茶园种植面积达到265万公顷，总产达到209.6万吨，主要集中在云南、四川、贵州、湖北四省，占全国总面积的52%。中国茶树品种丰富齐全，以色泽制作工艺分类分绿茶、红茶、乌龙茶、黄茶、白茶和黑茶六大类；以季节分类可分为春茶、夏茶、秋茶、冬茶。

我国茶区划分采取3个级别，即：一级茶区，系全国性划分，用以宏观指导；二级茶区，系由各产茶省份划分，进行省份内生产指导；三级茶区，系由各地县划分，具体指挥茶叶生产。

国家一级茶区分为4个，即江北茶区、江南茶区、西南茶区、华南茶区。

1. 江北茶区　南起长江，北至秦岭、淮河，西起大巴山，东至山东半岛，包括甘南、陕西、鄂北、豫南、皖北、苏北、鲁东南等地，是我国最北的茶区。江北茶区地形较复杂，茶区多为黄棕土，这类土壤常出现粘盘层；部分茶区为棕壤；不少茶区酸碱度略偏高。茶树大多为灌木型中叶种和小叶种。

2. 江南茶区　在长江以南，大樟溪、雁石溪、梅江、连江以北，包括粤北、桂北、闽中北、湘、浙、赣、鄂南、皖南、苏南等地。江南茶区大多处于低丘低山地区，也有海拔在 1 000 米的高山，如浙江的天目山、福建的武夷山、江西的庐山、安徽的黄山等。江南茶区基本上为红壤，部分为黄壤。该茶区种植的茶树大多为灌木型中叶种和小叶种，以及少部分小乔木型中叶种和大叶种。该茶区是发展绿茶、乌龙茶、花茶、名特茶的适宜区域。

3. 西南茶区　在米仑山、大巴山以南，红水河、南盘江、盈江以北，神农架、巫山、方斗山、武陵山以西，大渡河以东的地区，包括黔、渝、川、滇中北和藏东南。西南茶区地形复杂，大部分地区为盆地、高原，土壤类型亦多。在滇中北多为赤红壤、山地红壤和棕壤；在川、黔及藏东南则以黄壤为主。西南茶区栽培茶树的种类也多，有灌木型和小乔木型茶树，部分地区还有乔木型茶树。该区适制红翠茶、绿茶、普洱茶、边销茶、名茶、花茶等。

4. 华南茶区　位于大樟溪、雁石溪、梅江、连江、浔江、红水河、南盘江、无量山、保山、盈江以南，包括闽中南、台湾、粤中南、海南、桂南、滇南。华南茶区水热资源丰富，在有森林覆盖下的茶园，土壤肥沃，有机物质含量高。全区大多为赤红壤，部分为黄壤。茶区汇集了中国的许多大叶种（乔木型和小乔木型）茶树，适宜制红茶、普洱茶、六堡茶、大叶青、乌龙茶等。

二、茶叶的营养特性

茶树是以采收幼嫩芽叶（多为 2 叶 1 芽）为对象的多年生经济作物，每年要多次从茶树上采摘新生的绿色营养嫩梢，这对茶树营养耗损极大。每采收 100 千克鲜叶需吸收氮（N）1.2～1.4 千克、磷（P_2O_5）0.20～0.28 千克、钾（K_2O）0.45～0.75 千克，N：P_2O_5：K_2O 的吸收比例为 1：0.16：0.45。干茶叶与鲜茶叶之比约为 1：4.0～4.5。

茶树体内幼叶、芽、节间、未木质化的茎和叶柄钾含量最高，从新梢至根逐渐减少。钾在茶树体内主要呈游离态，活性很大，再利用性也很强，因此，缺钾症状首先出现在老叶上。

茶树对钾的吸收多集中在 4～11 月，以 6～9 月为最多；而在气温较低的 12 至翌年 3 月，茶树对钾的吸收几乎停止。在土壤相对含水量为 50%的干旱情况下，茶树体内累积的钾最多。

三、茶叶缺钾症状

茶树缺钾初期生长缓慢，分枝稀疏、纤弱，树冠不开展，覆盖面积小，老枝灰白色。缺钾茶树下部叶片早期变老，提前脱落，叶片出现不规则的黄化失绿，叶尖、叶缘焦灼干枯，并向下翻卷，叶背表皮坏死，有明显焦黄斑块，叶片变脆易碎，提前衰老脱落，创伤后愈合慢。严重缺钾时茶蓬落叶严重，枝条顶端枯死，茶叶产量低、品质差。缺钾茶树抵抗病虫和其他自然灾害的能力下降，多导致茶饼病、云纹叶枯病发生（图 6-2）。

图 6-2　茶叶缺钾典型症状　　（鲁剑巍　拍摄）

四、茶叶施钾技术

因树龄、树势、产量要求、茶园土壤、茶树品种、种植方式不同，施肥的方法和数量不同。施肥应掌握“注重基肥，巧施追肥，平衡施肥，适当深施”的原则。幼年茶树以培育健壮树势树冠和根系为主，注重磷、钾肥的施用；生产期的茶树因茶叶的采摘，养分消耗大，为控制生殖生长的消耗，促进大量枝叶萌发，应以氮肥为主，配施磷、钾肥。在夏秋高温季节和冬季，应增加磷钾肥的供应，以提高茶树抵御不良环境的能力。推广使用营养全面的复合肥和茶树专用肥，配合叶面施肥，做到前促后控。

基肥以腐熟有机肥为主，氮、磷、钾及微量元素配合施用，基肥一般在春初、秋末进行。钾肥一般做基肥施用，可在茶叶开采前 20 天左右和采摘结束之后适当追施以补充茶叶带走的钾素。一般生产的茶园钾肥用量为 6～10 千克 K_2O/亩。基肥施用适宜时期在茶季结束后的 9～10 月之间，基肥结合深耕施用，施用深度在 20 厘米左右。追肥要施 5～10 厘米深，开沟深施覆土。

当茶树出现缺钾症状时较有效的方法是叶面喷钾，可在新梢萌发期，叶面喷施 0.5%～1.0%硫酸钾液或 0.2%～0.4%磷酸二氢钾液，每隔 5～7 天喷 1 次，连喷 4～5 次。其次，结合秋施基肥或早春追肥，于茶树行间开沟适施草木灰或硫酸钾，对弥补土壤钾素的亏缺，亦有良好效果。幼年茶树对氯敏感，不宜施用含氯化肥，如果施用氯化钾，则应注意严格控制施用量，一般成年茶树亩施量不超过 12 千克，幼龄茶树在 6 千克以下，以提高茶叶品质。此外，还可采取薄膜覆盖地表或间种豆科牧草等措施，以改善茶园的土壤环境，提高土壤中钾的利用率。

第三节　板　　栗

一、我国板栗生产概况

板栗是经济价值很高的干果类树种之一，原产于我国，是我国名优干果。中国是世界板栗生产的传统大国，板栗种植面积和产量均世界第一，2013 年我国板栗种植面积为 30.5 万公顷，产量达到 165 万吨。我国板栗栽培分布广泛，北起辽宁、吉林，南至海南岛，东起台湾及沿海各省，西至四川、甘肃、贵州等省均有种植。但以黄河流域的华北各省和长江流域各省栽培最为集中，产量最大。

二、板栗的营养特性

板栗在不同时期吸收的元素种类和数量是不一样的。氮素的吸收在萌芽前，以后随着物候期的变化吸收量逐渐增加，采收后吸收急剧下降，从 10 月下旬（落叶前），吸收量已甚微或几乎不吸收，在整个生育期中以果实膨大期吸收最多。磷的吸收在开花之前吸收量很少，开花后到 9 月下旬的采收期吸收比较多而稳定，采收后吸收量非常少，落叶前几乎停止吸收，因此磷的吸收时期比氮、钾都短，吸收量也少。钾的吸收在开花前吸收很少，开花后迅速增加，从果实膨大期到采收期，吸收最多，采收后同其他元素一样急剧下降，10 月下旬以后吸收量最少。因此，板栗的重要营养时期为果实膨大期。

三、板栗缺钾症状

板栗容易缺钾，缺钾时新梢中部叶片边缘和脉间褪绿、起皱向上卷曲，叶缘向上卷并向后弯曲，叶尖发生褪绿渐呈淡红或紫红，叶缘焦枯、坏死，残缺不全。小枝纤细，节间长，花芽少。果实少而小，早落（图 6-3、图 6-4）。

图 6-3　板栗严重缺钾症状　　　　（鲁剑巍　拍摄）

图 6-4　结果期板栗缺钾症状　　　　（鲁剑巍　拍摄）

四、板栗施钾技术

板栗基肥一般在晚秋采收后结合深翻改土进行，以有机肥为主，配合适量的磷钾肥。依树龄大小每株施如下混合肥料：有机肥 100～250 千克，混入过磷酸钙 5 千克、硼砂 0.2～0.5 千克和硫酸钾 0.2～0.5 千克。根据我国板栗产区的土壤管理制度（清耕法、栗粮间作或间种绿肥），以及土壤和树体营养状况等，追肥有以下几个关键时期：若一次追肥，可于 7 月下旬或 8 月上旬果实膨大期进行追施；若管理精细，肥料较足，或行间作的栗园，可进行二次追肥，即于新梢迅速生长期施氮肥，果实膨大期施复合肥；高产或基肥不足的栗园，还应于萌动期补追 1 次氮肥。

第四节　菊　　花

一、我国菊花生产概况

菊花为多年生草本宿根植物，是中国十大名花之一，在中国有 3000 多年的栽培历史，与梅、兰、竹合称四君子。在菊属 30 余种中，原产我国的有 17 种，主要有：野菊、毛华菊、甘菊、小红菊、紫花野菊、菊花脑等。菊花品种繁多，根据花期分类，有夏菊（花期 6～9 月），秋菊（花期 10～11 月），寒菊（花期 12 月至翌年 1 月）。根据花径大小区分，花径在 10 厘米以上的称大菊，花径在 6～10 厘米的为中菊，花径在 6 厘米以下的为小菊。根据瓣型可分为平瓣、管瓣、匙瓣、桂瓣、畸瓣五类 30 个花型。按照主要用途可分为食用菊、茶用菊、药用菊和观赏菊。近年来我国观赏菊花种植面积不断扩大，已由 2000 年的2016公顷扩大到2015年的7 274公顷，销售量已达到22.2亿枝，销售额达到11.3亿元。菊花全国大部分地区均有分布，其品种遍布全国各城镇与农村，尤以北京、南京、上海、杭州、青岛、天津、开封、武汉、成都、长沙、湘潭、西安、沈阳、广州、中山市小榄镇等为盛。就其品种而言，毛华菊主要分布于河南、安徽、湖北；野菊的分布区除新疆以外，全国各地都能找到；紫花野菊分布于浙江、安徽、河北、山西、陕西、内蒙、东北；甘菊则广布于东北、华北及华东地区；菊花脑主要在南京地区作食蔬栽培。

二、菊花的营养特性

菊花对养分要求较高，一生需要吸收大量养分，体内N、P、K含量一般为4.5%～6.0%、0.16%～1.15%、3.5%～10.0%。不同器官在不同生育期养分含量不同，氮主要存在叶和根中，含量可高达5%～6%；磷多在根中，含量为1.9%；钾多在叶内，含量高达9%左右，氮钾适宜比例为1∶1.2～1.5。可见，菊花对氮、钾营养的要求很高。据测定，菊花体内的养分含量是随生长期的推进而变化的，菊花生长的最初几周含氮量增加，在整个生育期中均维持在较高水平；磷含量较低，吸收较平稳；钾在菊花生长早期浓度增加，在生长中期保持稳定，随着成熟而逐渐下降。

有研究表明，菊花不同生育阶段对氮磷钾元素的吸收积累速度也不同。研究发现氮素积累在营养生长期及孕穗期最大，磷素则在现蕾至开花期有较大的积累，钾素在整个生育期内的积累速度都较高。另有研究也认为菊花上盆后90天内及120～150天期间对氮和磷素的吸收较快，这两个阶段的氮和磷积累量分别占整个生育期积累量的50%以上和20%左右，因而是菊花营养的关键时期，该时期的施肥对菊花的产量有很重要的影响。

三、菊花缺钾症状

菊花缺钾时，在生长早期下位叶的叶缘出现轻微的黄化焦枯，其次序先是叶缘，然后是叶脉间黄化，顺序很明显，严重时发生褐变，叶片皱缩不平。在生长发育的中后期，中位叶附近出现和上述相同的症状，叶缘枯死，叶脉间略变褐，叶略下垂。根系生长不良，长势明显减弱（图6-5）。

四、菊花施钾技术

根据菊花的需肥特性考虑，前期应以氮、钾为主，开花以后仍应施用适量氮、钾肥，使根部有足够的养料贮存，便于过冬。菊花施肥与栽培方式和观赏价值有密切关系。

1. 栽培方式与施肥

（1）露地栽培。在田间或一些花坛与花径中，栽培秋季开花、大轮系的秋菊时，应在定植前施足基肥，施肥量为每100米^{2}用堆肥200千克，以及饼肥（豆饼、菜籽饼等）2.0～3.0千克，化肥1.5～2.0千克。在摘心之后以及长到十几片叶时，进行适当追肥。种植小菊时，由于定植时期不同（在夏季开花和秋季开花），施肥量比大轮系减少一半左右，追肥宜在定植后1～1.5个月进行1次。夏菊由于比秋菊的生育期短，钾肥用量可减

图 6-5　菊花缺钾典型症状　　　　　　（鲁剑巍　拍摄）

少 10%，追肥只在摘心后施一次。

（2）设施促成栽培。只是在一定的设备条件下，使栽培菊花四季不断的种植方式。由于栽培方式不同，施肥也有所区别：①电照抑制栽培，是指利用电光照控制菊花光照时间的栽培方法。这种方法约需栽培 4 个月。施肥以基肥为主，追肥量减少。每 100 米^{2}施用氯化钾 2.0～3.0 千克。由于菊花耐肥性较强，用量稍多影响不大，其中追肥可 2～3 次。②遮光栽培，这是一种利用遮蔽控制菊花光照时间的栽培方法，它以有机肥料为主，化肥作补充。基肥在定植前两周施入，每 100 米^{2}施用鸡粪 3.1 千克、饼肥 4.0 千克、鱼粉 7.5 千克、氯化钾 2.0 千克。生长中期进行一次追肥，每 100 米^{2}施用饼肥 2 千克和氯化钾 1 千克。③夏菊促成栽培，由于在前作结束后立即定植，其施肥主要以基肥为主，多数不追肥。对于贫瘠的土壤可在定植后一个月左右追施 0.2～0.3 千克 K_2O/100 米^2。

（3）盆栽菊花。盆栽菊花的养分吸收量高于露地栽培的菊花。但由于盆土少，钾肥以 0.2%～0.3%的磷酸二氢钾在生长期间浇施为好。另外，铵和钾浓度将会影响钙、镁的吸收，因此施肥时应注意离子之间比值。由于盆栽菊花经常浇水，易使养分流失，使土壤酸度提高，而菊花生长最适的酸碱度以微酸性到中性为好，因此，应经常配合施用石灰等碱性肥料。

2. 观赏类型与施肥　不同观赏类型的菊花施肥模式也不同，独本菊除施少量基肥外，追肥不可过早，否则遇到炎热天气肥料会伤根，以致落叶。一般立秋后开始追肥，先施稀薄液肥，后逐渐加浓。每周 1 次。秋后花蕾出现后，可施尿素、磷酸二氢钾混合液促进花芽发育，直到花蕾萌动，呈透色时停止施肥。肥料用量随花型而不同，一般舌状花发达、肥厚的品种需肥较多，而细管状花等品种需肥量较少。大立菊在冬季室内施1～2次干肥，每7～10天施1次液肥，4月中旬施基肥，5月再施1次酱渣、饼肥等有机肥。进入雨季可每半月施1次干肥，夏季宜少施肥或施极稀薄的肥料。立秋后每隔10天施1次液肥，浓度由稀到浓直至花蕾吐色为止。

第五节 橡 胶

一、我国橡胶生产概况

橡胶树为落叶乔木，属于热带植物，在我国主要分布于云南、海南、广西和广东等地的海拔500米以下的平地、台地或山丘，但在某些高原区，橡胶树种植在海拔700～1 000米高处，如果可以加强管理，也能生长良好，产胶正常。2013年我国橡胶种植面积达到114万公顷，总产达到86.5万吨，种植面积位居世界第三，产量居世界第五。2003—2009年海南种植面积最大，其次是云南，近年来云南的种植面积则超过海南成为我国天然橡胶种植面积最大的地区。2014年云南橡胶种植面积55.3万公顷，产量43.3万吨，种植面积和产量均高居全国第一，海南种植面积为38.9万公顷，产量为39.1万吨。

我国在推广橡胶品种上，无风寒或轻风寒危害区以高产优良品种为主，有风寒害区则以抗性强、具有中上产量水平的品种为主。中国热带农业科学院与海南、广东、云南三省农垦局及科研院所通过国外引进和自育相结合的方法，已先后培育出适合我国独特自然环境条件的橡胶品种。国外引进的品种有RRIM600、PR107、GT1、IAN873、RRIM712等，至今仍在不同区域大规模或中规模推广；国内培育的品种有云研77-2、云研77-4、热研7-33-97、热研7-20-59、热研8-79、大丰95、海垦2、文昌11、文昌217等，为我国天然橡胶单产提高和品种改良打下良好基础。

橡胶树具有很重要的经济价值和生态价值。橡胶树割胶时流出的胶乳经凝固及干燥而制得的天然橡胶是制作橡胶的主要原料，因其具有很强的弹性和良好的绝缘性，可塑性，隔水、隔气性，抗拉和耐磨等特点，被广泛地运用于工业、国防、交通、医药卫生领域和日常生活等方面。种子榨油为制造油漆和肥皂的原料。橡胶果壳可制优质纤维及活性炭、糠醛等。木材质轻、花纹美观，加工性能好，经化学处理后可制作高级家具、纤维板、胶合板、纸浆等。橡胶林是可持续发展的热带森林生态系统，是无污染可再生的自然资源。以橡胶树为主的林木覆盖，造就绿化环境、涵养水源、保持水土、可持续发展的良好环境，不仅大大提高了森林覆盖率，还对改善环境条件，维护热区生态平衡发挥了重要作用。

二、橡胶的营养特性

钾在橡胶树内呈离子状态存在，含量居于第3位，次于氮素和磷素，橡胶树新陈代谢的各个过程都离不开钾，并且其需要量随树龄的增长而增多。橡胶树体内钾素含量因器官、树龄及割胶管理制度的不同而不同。橡胶树体内的钾素多集中在幼芽、嫩叶、根尖等生命最活跃部位，并随着橡胶树的生长而转移。一般橡胶树各部分的含钾量分别为：老化叶片0.9%～1.1%、绿色嫩枝0.68%、褐色枝条0.27%、茎干0.25%、根0.31%、胶乳0.35%～0.60%，叶片在展叶期为1.79%、稳定成熟老化期为1.16%、凋落前为0.42%。不同定植年限的胶树，其叶片含钾量和树体的钾素积累量也不相同。国内外研究表明，叶片中钾的含量与树龄和叶龄有一定的相关性，随着树龄的增长，叶片中钾含量呈下降趋势。然而，随着树龄增加，橡胶树则需要从胶园土壤中摄取更多的钾素养分，固定在胶树体内，以满足抽叶、开花、结果以及树体的增高和增粗。据测定，4龄和33龄树龄的胶树，所积累的钾素养分量分别为188千克/公顷和1 233千克/公顷。研究表明，成龄橡胶树在常规割胶条件下，每生产100千克的干胶，需要消耗钾5.89千克；刺激割胶条件下增产30%，比常规割制下消耗的钾增加71%，并且在连续刺激割胶后，叶片钾含量将下降5%～10%。

三、橡胶缺钾症状

橡胶树的缺钾症状，开始是叶片边缘呈灰白色，并略微扩散，有时可变成灰白色的斑驳。以后叶缘变黄，斑驳相互连接呈明显的带状，组织逐步坏死。坏死现象首先发生在叶尖或靠近叶尖的地方。粗看时，这种症状会被误认为是缺镁造成的，但可从没有排骨形的症状来鉴别为缺钾症，因缺钾症只在沿叶片中脉一带的组织保持绿色，从叶缘向中脉形成焦斑、黄色、绿色三部分。橡胶树缺钾时出现黄叶病，叶片变小，成龄树的缺钾症状往往发生在8～9月，此时叶龄为5～6个月或以上（图6-6）。

图6-6　橡胶缺钾典型症状　（徐正伟　拍摄）

四、橡胶施钾技术

1. 施肥量的确定　橡胶树为多年生落叶乔木，施肥应以有机肥为主，化肥为辅。积极垫圈积肥，堆肥、沤肥、压青等结合采用。目前普遍采用以橡胶树叶片钾含量为主，土壤钾含量为辅，二者相结合的方法来确定钾肥施用量。中国热带农业科学院橡胶所大量的橡胶配方施肥试验表明，土壤速效钾含量在40～60毫克/千克为适量指标，低于该值应施用钾肥。

根据《橡胶树栽培技术规程》规定，橡胶树施钾量如表6-2所示。

表6-2　大田橡胶树施肥量参考标准

肥料种类	施肥量（千克/株）			备　注
	1～3龄	开割前幼树	开割树	
优质有机肥	>10	>15	>20	以腐熟垫栏肥计
尿素	0.23～0.55	0.46～0.68	0.68～0.91	
过磷酸钙	0.3～0.5	0.2～0.3	0.4～0.5	
氯化钾	0.05～0.10	0.05～0.10	0.20～0.30	缺钾或重寒害地区用
硫酸镁	0.08～0.16	0.10～0.15	0.15～0.20	缺镁地区

2. 橡胶幼树的施肥

（1）苗期。在橡胶树生长的第一年中，由于根系尚不发达，一般宜以水肥或沤肥形式施用，以利幼根快速吸收。最好在橡胶树生长季节每抽一蓬叶施一次，年施5～6次。

（2）幼树期。从开始分枝到树冠开始郁闭阶段，橡胶树从单干转为多头生长，养分的需要开始增加。施肥量比第一年多，以干施为主，每年约施5次。每年可在雨季末期或冬季进行一次扩穴、改土、压青施肥。

（3）施肥方法。施肥部位，原则上是见根施肥，即施在橡胶树根系较密集的部位。施肥处与橡胶树基部距离，一般1～2龄树为30～40厘米，3～4龄树为50～80厘米，5～6龄树为100～150厘米。施肥方法，一般为穴施，每年一次，深度不超过30厘米，每年更换施肥穴位置。

（4）施肥时期。有机肥宜在11月到来年早春2～3月份施入。钾肥要在冬前施下。在黄叶病区，则应在6～7月份趁细雨时撒施。

3. 割橡胶树的施肥

（1）正常割橡胶树的施肥。马来西亚推荐的内陆土壤割橡胶树施肥方案N∶P_2O_5∶K_2O∶MgO的配比为1∶0.95∶1.44∶0.64，每年每株混合肥料1.26千克。我国推荐割橡胶树每年施钾量（氯化钾）是0.2～0.3千克/株。

寒害常发地区在9～10月份施钾肥，以增强橡胶树的耐寒力，在干旱季节适当增施水肥。

(2) 化学刺激割橡胶树的施肥。化学刺激割胶必须相应增加施肥量。据马来西亚资料，用乙烯利刺激 PB86 和 RRIM600 分别增产 7%和 126%，钾消耗分别增加 143%和 165%，说明施用乙烯利后，橡胶树养分消耗的增加不仅是产量的增加造成的，而且生产每千克干胶的养分消耗增加了 20%～30%。马来西亚橡胶研究所建议：高产芽接树 PB86，PR107，RRIM600，如增产 1 000 千克/公顷干胶，应增施氯化钾 25 千克/公顷，如割原生皮施肥量还要再增加 30%。

目前所施用的化学钾肥绝大部分都是极易被淋失的速效肥—氯化钾或硫酸钾，因此，对于保水保肥能力较差的砂壤土，应施用经造粒的复合（混）肥。因为未经造粒的掺合肥中的钾素较易淋失，经造粒后的复合（混）肥则具有一定的长效性。另外，在这些地区施肥最好采取少量多次，以便提高肥料的利用率。

第六节 桑 树

一、我国桑树生产概况

桑树为落叶性多年生木本植物，我国是世界上种桑养蚕最早的国家，已有 7 000 多年的历史。种桑养蚕也是中华民族对人类文明的伟大贡献之一。但近年来我国桑树种植面积逐渐减小，已由 2004 年的 150 万公顷下降到 2012 年的 84 万公顷。桑树栽培范围广泛，东北自哈尔滨以南，西北从内蒙古南部至新疆、青海、甘肃、陕西，南至广东、广西，东至台湾，西至四川、云南，其中以长江中下游各地栽培最多，西南、华南等是我国桑树主要种植地区，垂直分布大都在海拔 1 200 米以下。我国收集保存的桑树种质分属 15 个桑种 3 个变种，是世界上桑种最多的国家，其中栽培种有鲁桑、白桑、广东桑、瑞穗桑，野生桑种有长穗桑、长果桑、黑桑、华桑、细齿桑、蒙桑、山桑、川桑、唐鬼桑、滇桑、鸡桑，变种有鬼桑（蒙桑的变种）、大叶桑（白桑的变种）、垂枝桑（白桑的变种）。按照生态型分布划分，我国的桑树可分为八大分布区。

1. 珠江流域的广东桑 以广东、广西分布为主。桑树发芽早，多属早生早熟桑，叶小，枝条细长，花、椹多，再生能力强，耐剪伐，抗寒性弱，耐湿性强。

2. 太湖流域的湖桑 以太湖流域分布为主。多属中、晚生桑，叶形大，叶肉厚，叶质柔软，硬化迟，发条数中等，枝条粗长，花、椹较少。

3. 四川盆地的嘉定桑 以四川、重庆分布为主。多属中生中熟桑，发条数较少，枝条粗长，叶形大，硬化迟，花穗较多，椹较少，抗真菌病能力强。

4. 长江中游的摘桑 主要指安徽以及湖南、湖北的部分地区。多属中生中熟桑，发条数少，枝条粗壮，叶形很大，硬化迟，花穗小，椹少，抗寒性较弱，树型高大。

5. 黄河下游的鲁桑 主要包括山东及河北的部分地区。多属中生中熟或晚生晚熟桑，发条数中等，枝条粗短，叶形中等，硬化较早，花、椹小而少，抗寒耐旱性较强。

6. 黄土高原的格鲁桑 包括山西省、陕西省的东北部和甘肃省的东南部。多属中生中熟桑，发条数多，枝条细直，叶形较小，硬化较早，耐旱性较强，易感黑枯型细菌病。

7. 新疆的北桑 包括新疆、青海以及藏北和陇北的部分地区。多属晚生中熟桑，发条数多，枝条细直，花、椹较多，根系发达，侧根扩展面大，适应风力大、沙暴多和干旱天气的不良环境，抗病能力较强。

8. 东北的辽桑 主要包括东北三省及周边地区。多属于中生中熟桑，发条数多，枝条细长且弹性好，抗积雪压力能力强，硬化早，根系发达，入土层深，抗寒性强，易发生褐斑病。

桑树的用途非常广泛。桑叶是家蚕的唯一饲料来源，桑叶用于养蚕是对桑树最传统、最直接的利用方式。桑果富含葡萄糖、果糖、鞣酸、苹果酸、亚油酸、多种维生素、18种氨基酸及多种矿质元素，是具有丰富营养价值和特殊保健功能的水果。桑树为伞形树冠，枝条柔韧，易于造型，是良好的庭园树种。桑树因其旺盛的生命力、超强的抗逆性和广泛的适应能力还可用于生态建设。桑树萌生能力极强，年年刈割而能年年萌生，其叶、嫩茎、果等是众多牲畜的优质饲料，因此可培育灌木型饲料桑。另外桑树还具有很好的药用价值，同时是极好的天然植物染料。

二、桑树的营养特性

桑树是多年生木本植物，生长周期长，生长量大，每年剪伐枝条，一年中又多次采叶养蚕，其根系发达，吸肥能力强，需从土壤中吸收大量养分，地力消耗大。一年中，桑树分为四个生长时期：发芽期—旺长期—缓慢生长期—休眠期。桑树一年有两个生长高峰，即春期和夏秋期。发芽脱苞后40天达到春期生长高峰，夏伐后7～10天发芽并产生新根，芽、叶、枝迅速生长，达到夏、秋期生长高峰，持续70～80天后转入缓慢生长期，最后到休眠期。在生长高峰期肥料一定要施足，才能提高其生长量。

据研究，桑叶含氮（N）2.5%～5.0%，含磷（P_2O_5）0.15%～0.30%，含钾（K_2O）1.2%～2.1%，生产1 000千克桑叶，需吸收氮（N）11.6千克、磷（P_2O_5）2.0千克、钾（K_2O）6.2千克，一般桑树对N、P_2O_5、K_2O的吸收比例为1∶0.3～0.5∶0.5～0.8。

桑树各器官及不同叶位的叶片吸钾量是不同的。据广东省农业科学院蚕业研究所的研究，幼嫩组织中钾素浓度一般较高，桑树各器官中以侧枝叶片钾素含量最高，主枝叶片次之，主茎最低。不同叶位的叶片钾含量变化幅度较大，其中2～3叶位的幼嫩叶含钾量最高，达2.85%～3.21%，而11～12叶位的叶片含钾量只有0.52%～0.93%。各器官中的钾素含量随生长时间的推延而逐渐降低，其中叶片含钾量下降最快，而主茎含钾量则较为稳定，下降缓慢。

三、桑树缺钾症状

桑树缺钾时其症状先从枝条下部老叶表现出来，在叶的尖端边缘和叶脉间，出现褪绿发黄的小斑点，进而斑点渐次扩长合并，由外缘向内侧扩展，形成黄绿相间的嵌镶状花叶，从下部叶渐及中部叶，易染真菌性病害，缺钾严重时桑叶的叶缘呈褐色，桑树生长缓慢，植株矮小，枝条细弱，叶质下降。春伐桑缺钾多在7月上旬发生，夏伐桑多在7月下旬发生。若高温干旱，会出现桑树的临时凋萎现象（图6-7、图6-8）。

图 6-7 桑树缺钾典型症状 （佚名 拍摄）

图 6-8 桑树缺钾典型症状 （鲁剑巍 拍摄）

四、桑树施钾技术

桑树在培肥管理上与一般作物有较大差异，既要实现当年高产优质，同时还要保持良好的树势，以延长丰产年限。要达到这一目的，在生产上重要的措施就是均衡树体营养。

1. 适期并适量施钾　由于桑树对养分的吸收有明显的周期性，桑树从春季发芽、生长枝叶到春蚕后夏伐，又从夏伐后桑树再发芽，再生长，到入冬落叶，一年中形成春期和夏秋两次旺盛生长期的需肥要求。另外桑园施肥时期也因采叶次数不同而不同。对采1次叶的桑园，钾肥主要在开春后基施，还可在桑叶生长旺盛期追施部分钾肥。对一年采叶多次的桑园，钾肥的施用可分为几个时期。首先是开春以后施春肥，此时气温和地温上升，桑树生长和根系吸收机能旺盛，应适时配合其他养分施用钾肥，这不仅可以提高春叶产量，而且肥效还可以延续到夏秋季，对增加全年桑叶产量有着重要意义，一般春肥占20%～30%。其次是夏肥，桑树在夏伐后经1周左右发芽抽条，并逐渐进入旺盛生长期，此时需要大量的营养元素，若不及时供应钾肥，不仅当年夏秋叶产量不高，而且还会因为枝条生长短小而影响到次年的春叶产量。秋肥一般在8月初施用，秋肥能促进桑树持续生长，增加秋叶产量，并且有利于桑树过冬，一般夏秋肥占全年施肥量的50%～60%。冬肥主要以有机肥为主，无论桑叶采摘次数的多少，在土壤封冻前桑树都应该施足有机肥，为次年生长提供足够的钾素及其他各种养分，一般冬肥占全年施肥量10%～30%左右。

桑叶钾肥用量应根据土壤供钾能力和目标产量确定，当桑园土壤速效钾含量小于75毫克/千克时，推荐钾肥用量为15千克 K_2O/亩；土壤速效钾含量为75～100毫克/千克时，推荐钾肥用量为10千克 K_2O/亩。

2. 与其他肥料合理配合施用　任何一种作物产量的提高都是所有营养元素共同作用的结果，桑树也是如此。钾肥只有与其他肥料配合使用才能提高桑叶的产量和品质。但当土壤缺氮、磷等营养元素时，如施氮量低或不施氮肥，施钾反而会造成减产。

3. 施肥方法　要发挥肥料的作用，减少肥料的损耗，必须采取科学合理的施肥方法。桑树施肥方法有土壤施肥（包括穴施、沟施、撒施）和根外追肥。

桑园土壤施用钾肥，原则上应把钾肥施到桑树根系最密集的土层以提高桑树对钾肥的利用率。因此在施用钾肥时可采用沟施、穴施、环施等方法。沟施是在桑树行间开沟施肥，一般用于密植桑园。沟的宽深是由施肥量和肥料种类来决定，一般沟的深宽为20厘米×30厘米左右，沟的深度一般为15～20厘米，施肥后要立即覆土盖平，对于幼树则可适当施浅些。穴施即在桑树株间开穴施肥。穴的大小深浅应根据肥料的种类、施肥的数量及桑树的大小而定。树小施肥量少，开穴宜小而浅；树大施肥量多，开穴宜大而深。每次开穴应变换位置，以利桑树根系均衡发展。施肥后覆土。环施即以桑树为中心在距根部一定距离以环状方式施肥。

钾肥作叶面追肥既可提高桑叶产量，又能提高桑叶品质，增加蚕的抗病能力。桑树喷施钾肥可在其生长旺盛期进行，每个蚕期宜喷2次，每次相隔1周左右。可用于喷施的钾肥品种有磷酸二氢钾（适宜的喷施浓度为0.2%左右）、硫酸钾（适宜的喷施浓度为0.5%左右）和硝酸钾（适宜的喷施浓度为0.5%～1.0%左右）。

第七节 银　　杏

一、我国银杏生产概况

银杏又名白果，属多用途的亚热带和温带特种经济树种，是我国特有、世界公认的一种珍稀名贵树种。北达辽宁省的沈阳、南至广东省的广州、东南至台湾省的南投、西抵西藏自治区的昌都、东到浙江省的舟山普陀岛均有种植，其主产省份有山东、江苏、河南、安徽、浙江、湖南、湖北、广西等。银杏按种核形状可分为长子类、佛手类、马铃类、梅核类、圆子类等五大类别；按其用途可分为核用、叶用、材用、雄株四大栽培品种类型。

二、银杏的营养特性

银杏对营养元素的吸收从发芽前就开始，而氮的吸收高峰在 6～8 月份，主要与新梢旺盛生长及果实的迅速发育密切相关，钾的吸收高峰为 7～8 月份，主要与果实的迅速膨大有关，磷的吸收量较氮、钾较少，且各生长期比较均匀。

三、银杏缺钾症状

银杏缺钾时根、枝加粗，生长缓慢，首先在老叶叶尖及边缘出现焦枯，在叶缘形成一条黄带，斑点初现时只有针眼大小，后期斑点扩大并穿孔，然后从边缘向内枯焦，叶片向下卷曲而枯死，降低种子的产量和品质（图 6-9）。

图 6-9　银杏缺钾叶片典型症状　（鲁剑巍　拍摄）

四、银杏施钾技术

银杏是喜肥而又耐肥的树种，应根据银杏树体生长状况确定施肥的时期、数量和次数，全年施肥3～4次。第一次在3月份萌芽前，第二次在4月上旬至5月上旬的开花前后，均以速效性氮肥为主；第三次在6～7月份施长果肥，这时正是枝条和根系的生长高峰，又是种实生长旺盛期，以氮磷钾复合肥为主，供枝、果的生长和花芽分化的需要；第四次是在10～11月上旬施基肥，使树体积累更多的养分，基肥以有机肥为主，配合少量化肥，挖放射状沟施入。银杏施肥除根部施肥外还可在关键生育期进行根外追肥，即用0.3%～0.5%尿素溶液和0.3%～0.4%磷酸二氢钾溶液进行叶面喷施。

主要参考文献

陈防，万开元，陈树森，等.2008. 中国南方钾素研究进展与展望［M］//周健民，Magen H. 土壤钾素动态与钾肥管理. 南京：河海大学出版社：99-104.

陈益，杨东，王正银，等.2015. 重庆莴笋作物4R养分管理技术［J］. 高效施肥（34）：36-40.

付明鑫，王慧，许咏梅，等.2001. 新疆高产棉花的钾肥施用效果［J］. 土壤肥料（4）：21-28.

葛旦之，苏国栋.1986. 洞庭湖平原稻田土壤供钾能力的研究［J］. 土壤通报（1）：8-12.

金平.1992. 有机肥与氮磷化肥配施马铃薯效果［J］. 北方园艺（3）：45-46.

湖北省农业科学院土壤肥料研究所.1996. 湖北土壤钾素肥力与钾肥应用［M］. 北京：中国农业出版社.

李云春.2011. 几种不同类型水稻养分吸收特性及施肥效果研究［D］. 武汉：华中农业大学.

刘冬碧，熊桂云，陈防，等.2009. 钾素营养对莲藕生长和干物质累积的影响［J］. 中国土壤与肥料（5）：34-37.

刘冬碧，熊桂云，陈防，等.2008. 不同母质类型水稻土上莲藕施肥效应研究［J］. 安徽农业科学，36（5）：1946-1948.

刘书起，甄英肖，田宗海.1992. 生物钾肥对水稻的产量效应及其与化学氮、钾肥的交互作用［J］. 河北省科学院学报（1）：40-45.

刘晓伟，鲁剑巍，李小坤，等.2010. 直播冬油菜干物质积累及氮磷钾养分的吸收利用［J］. 中国农业科学，44（23）：4823-4832.

鲁剑巍，陈防，万运帆，等.2001. 钾肥施用量对脐橙产量和品质的影响［J］. 果树学报，18（5）：272-275.

鲁剑巍，陈防，刘冬碧，等.2001. 成土母质及土壤质地对油菜施钾效果的影响［J］. 湖北农业科学（6）：42-44.

鲁剑巍，李荣.2012. 大豆常见缺素症状图谱及矫正技术［M］. 北京：中国农业出版社.

鲁剑巍，李荣.2010. 柑橘常见缺素症状图谱及矫正技术［M］. 北京：中国农业出版社.

鲁剑巍，李荣.2012. 花生常见缺素症状图谱及矫正技术［M］. 北京：中国农业出版社.

鲁剑巍，李荣.2015. 马铃薯常见缺素症状图谱及矫正技术［M］. 北京：中国农业出版社.

鲁剑巍，李荣.2010. 棉花常见缺素症状图谱及矫正技术［M］. 北京：中国农业出版社.

鲁剑巍，李荣.2012. 水稻常见缺素症状图谱及矫正技术［M］. 北京：中国农业出版社.

鲁剑巍，李荣.2014. 小麦常见缺素症状图谱及矫正技术［M］. 北京：中国农业出版社.

鲁剑巍，李荣.2010. 油菜常见缺素症状图谱及矫正技术［M］. 北京：中国农业出版社.

鲁剑巍，李荣.2010. 玉米常见缺素症状图谱及矫正技术［M］. 北京：中国农业出版社.

孟远夺，许发辉，杨帆，等.2015. 我国种植业化肥施用现状与节肥潜力分析［J］. 磷肥与复肥，30（9）：1-4，13.

漆智平，佘让水.1997. 海南主要土壤钾素状况与热带农业［J］. 热带农业科学（4）：48-54.

全国农业技术推广服务中心.2015. 测土配方施肥土壤基础养分数据集［M］. 北京：中国农业出版社.

宋春凤，徐坤 . 2004. 氮钾配施对芋头产量和品质的影响［J］. 植物营养与肥料学报，10（2）：167-170.

谭金芳. 2011. 作物施肥原理与技术［M］. 2 版. 北京：中国农业大学出版社.

王梅花，冻军，刘海军，等 . 2001. 桃树施用钾肥的效果初报［J］. 落叶果树（1）：46-48.

王勤，何为华，郭景南，等 . 2002. 增施钾肥对苹果品质和产量的影响［J］. 果树学报，19（6）：424-426.

王祥珍，张奎俊，刘艳 . 2004. 向日葵钾肥施用方法及增产效果［J］. 杂粮作物，24（3）：183-184.

王小晶，王正银，赵欢，等 . 2011. 钾肥对大白菜和莴苣产量、重金属和硝酸盐含量的影响［J］. 中国蔬菜（10）：64-68.

谢建昌，周健民 . 1999. 我国土壤钾素研究和钾肥使用的进展［J］. 土壤（5）：244-254.

谢建昌. 2000. 钾与中国农业［M］. 南京：河海大学出版社.

严文淦，王敏裳 . 1983. 高产苎麻吸肥规律与土壤营养条件的研究［J］. 土壤肥料（5）：24-26.

张福锁，陈新平，陈清 . 2009. 中国主要作物施肥指南［M］. 北京：中国农业大学出版社.

张天英，毕秋兰，李仕凯，等 . 2009. 平衡施肥对菊花产量的影响［J］. 农技服务，26（12）：40-41.

中华人民共和国国家统计局 . 中国统计年鉴 . http：//www. stats. gov. cn/tjsj/ndsj/.

邹长明，秦道珠，徐明岗，等 . 2002. 水稻的氮磷钾养分吸收特性及其与产量的关系［J］. 南京农业大学学报，25（4）：6-10.

朱静华，李明悦，高贤彪，等 . 2006. 蔬菜的养分吸收特性与钾肥利用率的研究［J］. 高效施肥（17）：40-45.

Food and Agriculture Organization of the United Nations. FAO［DB/OL］. http：//faostat3. fao. org/browse/Q/QC/E.

Yu C J，Qin J G，Xu J. 2010. Straw Combustion in circulating fluidized bed at low-temperature：transformation and distribution of potassium［J］. *Canadian Journal of Chemical Engineering*，88（5）：874-880.

图书在版编目（CIP）数据

主要作物缺钾症状与施钾技术/鲁剑巍等编著．—北京：中国农业出版社，2016.12
ISBN 978-7-109-22568-8

Ⅰ.①主… Ⅱ.①鲁… Ⅲ.①作物—钾—植物营养缺乏症—防治②作物—施肥 Ⅳ.①S432.3②S147.2

中国版本图书馆CIP数据核字（2017）第007042号

中国农业出版社出版
（北京市朝阳区麦子店街18号楼）
（邮政编码 100125）
责任编辑 贺志清

北京中科印刷有限公司印刷 新华书店北京发行所发行
2017年3月第1版 2017年3月北京第1次印刷

开本：787mm×1092mm 1/16 印张：10
字数：215千字
定价：80.00元